AF462831

FÊTE DU TRAVAIL ET DU DEVOIR

DISTRIBUTION SOLENNELLE

DES

RÉCOMPENSES

AUX

OUVRIERS & OUVRIÈRES

DE L'AGRICULTURE ET DE L'INDUSTRIE

le 1er Septembre 1867

SOUS LA PRÉSIDENCE DE M. LE CONSEILLER D'ÉTAT

J. CORNUAU

PRÉFET DE LA SOMME.

AMIENS

TYPOGRAPHIE ALFRED CARON FILS, RUE DE BEAUVAIS, 42

1867

FÊTE DU TRAVAIL ET DU DEVOIR

DISTRIBUTION SOLENNELLE

DES

RÉCOMPENSES

AUX

OUVRIERS & OUVRIÈRES

DE L'AGRICULTURE ET DE L'INDUSTRIE

le 1er Septembre 1867

SOUS LA PRÉSIDENCE DE M. LE CONSEILLER D'ÉTAT

J. CORNUAU

PRÉFET DE LA SOMME.

AMIENS

TYPOGRAPHIE ALFRED CARON FILS, RUE DE BEAUVAIS, 42

1867

PRÉFECTURE DE LA SOMME

DISTRIBUTION SOLENNELLE

DE

PRIMES

AUX OUVRIERS ET OUVRIÈRES

DE L'AGRICULTURE ET DE L'INDUSTRIE

1er SEPTEMBRE 1867

La distribution solennelle des primes aux ouvriers de l'agriculture et de l'industrie a eu lieu, le dimanche 1er septembre, à une heure, à l'Hôtel-de-Ville d'Amiens, sous la présidence de M. J. Cornuau, Conseiller d'État, Préfet de la Somme, et en présence du Conseil général.

A cette intéressante cérémonie, à laquelle s'étaient rendues les autorités civiles, militaires, ecclésiastiques et toutes les notabilités agricoles, commerciales et industrielles, a eu lieu la remise des médailles départementales aux sapeurs-pompiers volontaires de la Somme, et des primes provenant de la fondation de Mlle Virginie d'Hubert, accordées par la Chambre de commerce d'Amiens, aux jeunes ouvrières réunissant les conditions prescrites par cette bienfaitrice.

Madame Cornuau et plusieurs dames assistaient à la séance.

Le bureau était composé de la manière suivante :

MM.

Cornuau, Conseiller d'État, Préfet de la Somme, président ;

Duc de Vicence, sénateur, président du Conseil général de la Somme ;

Mgr l'Évêque d'Amiens ;

Le Général de brigade commandant le Département ;.

De Revel, secrétaire général de la Préfecture de la Somme ;

Dhavernas, maire d'Amiens ;

Gressier, député, vice-président du Conseil général ;

Allou, vice-président du Conseil général ;

Villemant, secrétaire du Conseil général ;

Duflos, président du Tribunal de Commerce ;

Vulfran Mollet, président de la Chambre de Commerce d'Amiens ;

Courbet-Poulard, président de la Chambre de Commerce d'Abbeville ;

Comte de Chassepot, président du Comice agricole d'Amiens ;

MM. les membres du Conseil général de la Somme.

Un violent orage est venu troubler la sérénité du ciel qui s'était montré si favorable à nos dernières fêtes. Toutes les dispositions prises au Lycée en vue de la solennité du jour ont été réduites à néant par la pluie, et il a fallu chercher en toute hâte un abri dans la grande salle de l'Hôtel-de-Ville, beaucoup trop restreinte pour la cérémonie.

M. le Préfet a néanmoins ouvert exactement la séance, après avoir prié les membres du Conseil général, les fonctionnaires et les invités de tenir compte de l'imprévu de la situation et de l'excuser si les places n'étaient pas disposées comme elles auraient dû l'être. Ces paroles ne pouvaient être que parfaitement accueillies; chacun d'ailleurs est parvenu à se caser, grâce surtout au zèle obligeant de M. le Secrétaire général de Revel, qui s'est multiplié dans la circonstance.

Quand le silence fut établi, M. le Préfet se leva et prononça le discours suivant :

« Messieurs,

» La solennité qui nous réunit aujourd'hui n'est pas seulement la fête du Travail, c'est aussi la fête des vertus modestes. Ouvriers de l'industrie et de l'agriculture, jeunes gens et vieillards, hommes, femmes, tous ceux-là qui ont marché dans la vie en laissant la trace utile de leur passage, ont le droit de prétendre à ces récompenses précieuses que leur assurent la reconnaissance et l'estime publiques.

» Rien n'est isolé dans le monde ; tout se tient, tout s'enchaîne ; aussi le bien qu'on fait n'est-il jamais renfermé dans les limites étroites où il se produit. Comme le son qui retentit, la lumière qui éclaire, le parfum qui s'évapore, le bien est plus utile encore par le bon exemple qu'il propage que par le bienfait qu'il apporte. Honneur aux puissants de la terre, dont les actes ne sont jamais ignorés, si ces actes sont dignes d'être imités ! Mais honneur aussi aux faibles et aux petits dont la volonté et l'effort s'affirment par des œuvres qui peuvent servir de modèle autour d'eux !

» Toute une population émue se pressait hier autour des hôtes augustes que la ville d'Amiens était si heureuse de recevoir : était-ce déférence pour le Souverain et sa généreuse Compagne ? était-ce à la grandenr et à la puissance que s'adressaient ces acclamations enthousiastes ? était-ce à l'auteur d'une période déjà longue de prospérité rarement obscurcie ?... Il y avait plus encore, et nous aurions mal compris cette imposante manifestation, si nous n'y avions vu en outre le témoignage de la reconnaissance du pays pour un acte héroïque de magnanime abnégation, pour l'inspiration sublime d'une pieuse charité, pour le noble exemple enfin laissé ici par Celle qu'on a appelée la Sœur de charité d'Amiens.

» Le souvenir pénétrant de la journée du 30 août, les effusions touchantes de la gratitude et de l'amour de tous, ces promesses d'inaltérable dévouement qui se reportaient de l'Empereur à son Fils, de la Mère à son Enfant, ont été pour l'Empereur et l'Impératrice le plus cher comme le plus mérité des hommages.

» Aujourd'hui, Messieurs, nous assistons à une fête plus modeste ; des récompenses y seront données aussi à des mérites moins éclatants, mais qui, pour ne s'être pas manifestés avec le même prestige, n'en portent pas moins avec eux l'heureux et fécond enseignement du bon exemple.

» Bientôt seront appelés les noms de ces braves citoyens que le danger attire, pour qui le dévouement est une habitude, le sacrifice un devoir toujours fidèlement rempli. Saluons-les, Messieurs, de nos félicitations, ces héros du courage civil ! Si nous pouvons compter sur leur empressement à faire le bien, ils peuvent à leur tour compter sur toute notre gratitude et toutes nos sincères sympathies.

» Mais voici les utiles auxiliaires du cultivateur et de l'industriel. Leurs longs et honorables services les ont signalés à l'attention ; ils avaient de nombreux concurrents que des titres sérieux recommandaient aussi à la bienveillance des jurys : ceux qui l'ont emporté sont donc doublement vainqueurs, puisqu'ils ont été jugés bons entre tous et les meilleurs parmi les bons ; nous associerons les maîtres et les patrons à l'éloge mérité par leurs modestes collaborateurs ; qui ne sait, en effet, que si les bons patrons font les bons ouvriers, ce sont les bons maîtres qui font les bons serviteurs ?

» Je ne retarderai pas, Messieurs, par de plus longues paroles, l'impatience que vous avez tous de connaître les noms des récompensés dans ces luttes où c'est déjà un grand honneur que d'avoir été admis à combattre ; je dois vous rappeler toutefois que dans cette solennité doivent être décernés aussi les prix dus aux généreuses fondations de Mlle d'Hubert et de M. Boucher de Perthes, qui ont voulu s'associer aux intentions libérales du Conseil général de la Somme en faveur de ces beaux caractères, de ces cœurs élevés qui s'ignorent ou se cachent dans nos ateliers et dans nos fermes.

» Le nombre est grand des récompenses qui vont être distribuées aujourd'hui : je suis heureux, je suis fier de dire qu'il aurait pu en être donné dix fois davantage, si nos ressources l'eussent permis, tant il est vrai que le département de la Somme est un de ceux où se conservent le plus précieusement ces traditions d'honnête loyauté, de dévouement fidèle à tous les devoirs, qui sont la meilleure preuve dela moralité d'un pays. Puissent ces sentimentsse répandre encore sous l'influence des exemples que nous avons tant de plaisir à signaler ici ! Ils sont la meilleure sauvegarde contre de stériles rêveries des ambitions funestes, et surtout contre ces excitations si nuisibles au développement légitime du bien-être des populations et de nos institutions politiques ! »

Ce discours, plusieurs fois interrompu, a été couvert de nombreux applaudissements.

M. le Préfet a donné ensuite la parole à M. de Revel, secrétaire général, qui lut, au nom de M. Devienne empêché, le rapport suivant :

« *Monsieur le Conseiller d'Etat, Préfet de la Somme,*

« *Messieurs les membres du Conseil général,*

« Messieurs,

« Le programme de 1864 pour la distribution des récompenses départementales ne comprenait que les ouvriers qui s'étaient distingués au service de l'industrie ; le Conseil général de la Somme a comblé une lacune regrettable en prononçant l'admission des ouvriers de l'agriculture à la solennité de ce jour.

« La manifestation qui s'est produite à la suite du dernier concours est assurément un témoignage de votre haute sollicitude pour cette classe si intéressante, qui nourrit la société et qu'on considère à bon droit comme le plus ferme soutien de l'honneur national et le plus sûr appui de nos institutions.

» A aucune époque l'agriculture n'a reçu autant d'encouragement que de nos jours. Jamais, du reste, la nécessité de combattre l'émigration des populations rurales ne s'est fait sentir plus vivement.

» L'homme de la campagne, ébloui par les douceurs que lui promet la ville, fasciné par les ressources de tout genre qu'elle fait briller à ses yeux, se laisse trop facilement entraîner par un mirage trompeur ; il cède à l'engouement général, il se lance à la poursuite d'avantages qui lui échappent le plus ordinairement.

» Toutes les classes de la société suivent le même courant ; la population des campagnes diminue chaque jour, et, malgré les distinctions dont elle est l'objet, l'agriculture est en souffrance, et la pénurie des travailleurs agricoles de tous les degrés se fait sentir impérieusement.

» Semblable à cette grande et imposante armée qui, au commencement du siècle, partie des frontières de la France, étonna l'Europe par ses prodiges et revint bientôt décimée, comme écrasée sous le poids de sa gloire, ainsi la phalange agricole, en dépit des succès qu'elle remporte dans nos concours aux applaudissements de l'opinion publique, apparaît comme épuisée ; elle ne peut réparer les vides qui se produisent dans ses rangs.

» Le Conseil supérieur du Département, composé en grande partie de propriétaires vivant au milieu des populations rurales et entièrement dévoués, du reste, aux intérêts de l'industrie agricole, appelle pour les récompenser lui-même les travailleurs que leur mérite distingue ; il donne à l'agriculture un témoignage nouveau de sa haute protection en décrétant un puissant encouragement, qui ne saurait rester stérile dans l'avenir.

» Les présidents et vice-président de comice du département, qui composent la Commission des récompenses agricoles, ont l'honneur de vous témoigner, Messieurs, leur sincère reconnaissance pour cette nouvelle preuve de votre haute sollicitude ; ils se permettent aussi de vous exprimer la confiance que les concours annuels des Sociétés qu'ils représentent continueront d'être de votre part l'objet d'une libéralité dont l'utilité se fait chaque jour sentir davantage.

» La Commission des récompenses agricoles a été unanime pour reconnaître que la durée des services des concurrents n'est pas la seule base d'après laquelle doit avoir lieu le classement dans l'ordre des récompenses ; elle a admis et vous approuverez, nous l'espérons, Messieurs, que certaines catégories de serviteurs, toujours attachés à l'intérieur des fermes, doivent obtenir, à durée égale de service, la préférence sur ceux qui, employés alternativement à divers travaux extérieurs, jouissent d'une liberté d'action plus grande et sont en rapport moins immédiat et moins continu avec les maîtres.

» Cette observation expliquera comment, dans certains cas, des services d'une durée moindre ont paru devoir primer des services plus longs.

» L'appréciation de la valeur des services dans une même catégorie, de même que des considérations exceptionnelles de dévouement, d'aptitude ou de désintéressement, ont paru aussi quelquefois créer des titres à la préférence. Sa connaissance particulière des concurrents, l'espèce de travail d'enquête, auquel ils ont été soumis, donne à la Commission la confiance qu'elle a rempli son mandat avec une saine appréciation des règles de l'équité.

« En conséquence :

» La Commission, instituée par arrêté préfectoral du 31 décembre 1866, art. 6 et 7, après s'être réunie les 20 et 27 juillet 1867 sous la présidence de M. le Conseiller d'Etat, Préfet de la Somme, a décidé que les primes votées en faveur des ouvriers agricoles seraient distribuées dans l'ordre suivant » :

Après ce rapport, écouté favorablement, M. le Préfet, dans sa sollicitude pour les populations laborieuses, a voulu faire, lui-même, l'appel des lauréats et indiquer les titres qui les ont fait choisir par MM. les présidents des Comices agricoles.

PRIMES AUX OUVRIERS DE L'AGRICULTURE.

Fertel (Georges-Amable), ouvrier agricole à Breilly, 100 fr. et une médaille d'argent accordée par S. Exc. M. le Ministre de l'Agriculture, du Commerce et des Travaux publics. — 81 ans d'âge, 66 ans de service dans deux familles de cultivateurs. Conduite irréprochable.

Mercier (Pierre-François-Bernard), berger communal à Lœuilly, 100 fr. et une médaille en argent du Département. — 80 ans d'âge, 63 ans de service comme berger communal, sans aucune interruption. Longs et bons services. Moralité irréprochable. Primé en 1858.

Trouille (Nicolas), batteur-moissonneur à Sentelie, 100 fr. et une médaille en bronze du Département. — 70 ans 1/2 d'âge, 56 ans de service dans la même maison. Deux primes avec médailles en 1859 et 1864. Infirmité grave qui le met dans une position gênée. Conduite irréprochable et moralité parfaite.

Magnier (Barthélemy), dit Remy, valet de charrue à Morvillers-Saint-Saturnin, 100 fr. et une médaille en bronze du Département. — 69 ans d'âge, 55 ans de service non interrompus dans la même maison. Primé en 1862. Bons et loyaux services.

Buquet (Pierre), moissonneur à Grattepanche, 100 fr. — 74 ans d'âge, 57 ans de service dans la même maison. Conduite irréprochable. Primé en 1860.

Vasseur (Agathe), fille de ferme à Warfusée-Abancourt, 100 fr. — 70 ans d'âge, 56 ans de service dans la même maison, a un bras paralysé. Conduite excellente.

Savreux (Scholastique), veuve Petit, à Drucat, 100 fr. et une Médaille en argent de S. Exc. M. le Ministre. — 79 ans d'âge, 65 ans de service comme servante de basse-cour chez M. Lœuillet (Henri), maire à Drucat. Très-bons services. Primée par le Comice d'Abbeville, en 1848.

Delgove (Jean-Baptiste-Victor), à Gueschard, 100 fr. et une médaille en argent du Département. — 70 ans d'âge, 59 ans de service comme valet de charrue chez M. Dairaine-Joly, à Gueschard. Est atteint d'une infirmité par suite d'un acte de dévouement.

Villefroy (Frumence), à Woignarue, 100 fr. et une médaille en bronze du Département. — 63 ans d'âge, 49 ans de service comme valet de charrue chez M. Mabille (Pierre-Adolphe), à Woignarue, a été primé par le Comice d'Abbeville, en 1854.

Bezu (Marie-Marceline), à Marcheville, 100 fr. — 57 ans d'âge, 41 ans de service comme servante de basse-cour chez M. Gaffet, à Marcheville. Très-recommandable, a été primée par le Comice d'Abbeville, en 1858.

Guillain (Louis-Joseph-Alexis), domestique de ferme chez M. Brasseur, au Meillard, 100 fr. et une médaille en bronze de S. Exc. M. le Ministre. — 76 ans d'âge, 37 ans de service dans la même maison, indépendamment de services rendus dans deux autres fermes, qu'il n'a quittées que parce que l'exploitation a cessé. Excellente conduite.

Crapoulet (Nicolas), moissonneur chez M. Gosselin, à Vauchelles-les-Authies, 100 fr. et une médaille en argent du Département. — 74 ans, 65 ans de service dans la même famille. Intelligent, laborieux, fidèle et dévoué. Infirme.

Cassel (Antoine), berger de ferme, chez M. Poulin, à Chaulnes, 100 francs et une médaille en bronze de Son Excellence M. le Ministre. — 75 ans d'âge et 60 ans de service, dévouement et probité.

Gontier (Marie-Thérèse), fille de ferme chez M. Cassel, à Omiécourt, 100 francs et une médaille en argent du Département. — 72 ans d'âge, 47 ans de services dévoués sans interruption dans la même maison.

Malpart (Charles-Honoré), valet de charrue chez M. Descaure, à Mézières, 100 francs et une médaille en bronze de Son Excellence M. le Ministre. — 73 ans d'âge, 55 ans de service. Service irréprochable. Sans ressources.

Bonnard (Antoine-Léonore-Rustique), journalier, batteur-moissonneur chez M. Descaure, à Mézières, 100 francs et une médaille en argent du Département. — 79 ans d'âge, 65 ans de service. Sans ressources.

Duménil (Jean-Baptiste-Honoré), valet de charrue à Villers-Campsart, 80 fr. et une médaille en argent du Département. — 74 ans d'âge, 53 ans de service dans la même maison. Laborieux, intelligent et dévoué à ses maîtres.

Gaillet (Julie-Sophronine), fille de ferme à Lamaronde, 80 fr. et une médaille en bronze du Département. — 63 ans d'âge, 49 ans de service dans la même maison. Primée en 1852, 1859 et 1864. Bonne conduite. Moralité et probité parfaites.

Gaillet (Pierre-Antoine), valet de charrue à Lamaronde, 80 fr. — 68 ans d'âge, 48 ans de service dans la même maison. Primé en 1854 et 1859. Conduite excellente.

Paré (Pierre), moissonneur et batteur à Saint-Gratien, 80 fr. — 67 ans d'âge, 53 ans de service dans la même maison.

Farcy (Augustin), moissonneur à Andainville, 80 fr. — 66 ans 1/2 d'âge, 51 de service dans la même maison. Primé en 1860. Conduite à l'abri de tout reproche.

Labitte (François-Henri), domestique agricole à Airaines, 80 fr. — 65 ans d'âge, 51 ans de service dans la même maison. Prime avec médaille. S'est toujonrs comporté avec honneur et probité.

Bouté (Jean-François), valet de charrue chez M. Cressent, à Houdent, commune de Tours, 80 fr. et une médaille en argent du Département. — 62 ans d'âge, 48 ans de service.

Milleblet (Joseph), valet de charrue chez M. Barbier, maire à Embreville, 80 fr. et une médaille en bronze du Département. — 72 ans d'âge, 42 de service. Primé par le Comice d'Abbeville en 1859.

Sueur (Antoine), berger de ferme chez M. Bizet, au Bodoâge, commune de Vron, 80 fr. et une médaille en bronze du Département. — 53 ans d'âge, 39 ans de service. Primé par le Comice d'Abbeville en 1861.

Demoiselle Coeuillet (Françoise), servante de basse-cour chez Mlle Fauquet, à Crécy, 80 fr. — 56 ans d'âge, 39 ans de service.

Demoiselle Pruvost (Marie-Catherine), servante de basse-cour chez Mlle Godefroy, à Saint-Quentin-la-Motte, 80 francs. — 51 ans d'âge, 38 ans de service. Très-recommandable.

Féret (Louis-François), valet de ferme chez Mme veuve Froidure, au Clapet-les-Domart, 80 fr. et une médaille en argent du Département. — 77 ans d'âge, 40 ans de service dans la même maison. Médaillé de Sainte-Hélène.

Renard (Cyr), moissonneur chez M. de Witasse à Acheux, 80 fr., et une médaille en bronze du Département. — 70 ans d'âge, 60 ans de service. Intelligent, probe et courageux.

Delattre (Martial), berger chez M. Pigeon-Dottin, à Berny, 80 fr. et une médaille en argent du Département.— 67 ans d'âge, 51 ans de services dévoués et intelligents, dont 44 dans la même famille.

Fouquet (Marc-Henri-Polycarpe), ouvrier agricole chez M. Duparc, à Monchy-Lagache, 80 fr. et une médaille en bronze du Département. — 76 ans d'âge, 55 ans de service sans interruption. Longs et loyaux services, infirme.

Leturc (Hippolyte), journalier agricole chez M. Chartier, à Carnoy, 80 fr. et une médaille en bronze du Département. — 72 ans d'âge, 60 ans d'excellents services. Infirme.

Bourgeois (François-Victor), valet de charrue chez M. Derly, à Maricourt, 80 fr. et une médaille en bronze du Département. — 67 ans d'âge, 45 ans de service. Longs et loyaux services. Infirme.

Defrenne (Ambroise), journalier agricole et batteur en grange chez M. Petit, à Buire-Courcelles, 80 fr. — Excellents services. Infirmité grave.

Matte (Marie-Anne-Geneviève-Célestine), domestique de basse-cour chez M. Rouzé, à Billancourt, 80 fr, et une médaille en argent du Département. — 74 ans d'âge, 46 ans de service. Prime du Comice de Montdidier en 1858. Conduite exemplaire. Bons services.

Douvillé (Borromée), valet de charrue chez M. Boissart, à Villers-lès-Roye, 80 fr. et une médaille en bronze du Département. — 59 ans d'âge, 44 ans de service. Bonne conduite. Moralité intacte.

Henonin (Louis-Antoine-Casimir), batteur moissonneur chez M. Goret, à Rouvroy, 80 fr. et une médaille en bronze du Département. — 65 ans d'âge, 54 ans de service dans la même maison. Bons et longs services. Conduite excellente.

Berthe (Jean-Baptiste-Nicolas), batteur moissonneur chez M. Gadiffert, à l'Echelle-Saint-Aurin, 80 fr. et une médaille en bronze du Département. — 75 ans d'âge, 45 ans de service. Conduite digne d'éloges. Sans ressources.

Delignières (Jacques-Augustin), domestique de charrue et postillon chez M. Cavé, à Montdidier, 70 fr. et une médaille en bronze du Département. — 60 ans d'âge, 40 ans de service. Bons services sans interruption. Conduite excellente.

Wargnier (Stanislas), berger communal à Croixrault, 65 fr. et une médaille en argent du Département. — 68 ans 1/2 d'âge, 52 ans de service dans les communes de Famechon et de Croixrault. Primé en 1847. Conduite excellente et irréprochable.

Caron (Benjamin), batteur et moissonneur à Hailles, 65 fr. et une médaille en bronze du Département. — 70 ans d'âge, 52 ans de service dans la même maison. Bons et loyaux services.

Defrançois (Pierre), moissonneur à Hangest-sur-Somme, 65 fr. — 67 ans d'âge, 52 ans de service dans la même maison. Ouvrier actif et probe.

Desvignes (Jean-Baptiste), batteur et moissonneur au Hamelet, 63 fr. — 70 ans d'âge, 51 ans de service dans la même maison. Honnête et loyal.

Hémart (André-François, berger à Saleux, 65 fr. — 70 ans d'âge, 51 ans de service dans la même commune. Primé en 1863. Services très-satisfaisants. Conduite honnête et irréprochable.

Warmel (Elisabeth), dite Adèle, domestique à Villers-Campsart, 65 fr. — 61 ans d'âge, 46 ans de service dans la même maison. Primée en 1856. Exactitude au travail et fidélité.

Olivier (Pierre-François), batteur-moissonneur chez M. Descaure, à Mézières, 65 fr. — 74 ans d'âge, 36 ans de service. Médaillé de Ste-Hélène. Indigent. Infirmité grave.

Quentin (Pierre-Charles), moissonneur et ouvrier agricole chez M. Lesenne, à Buigny-Saint-Maclou, 60 fr. et une médaille en argent du Département. — 78 ans d'âge, 62 ans de service. Très-recommandable.

Lion (Jean), moissonneur et ouvrier agricole chez M. Ducastel, à Martainneville-lès-Bus, 60 fr. et une médaille en bronze du Département. — 72 ans d'âge, 63 ans de service. Primé par le Comice d'Abbeville, en 1848.

Brailly (Stanislas-Wulphy), valet de ferme chez M. Gamard, à Francières, 60 fr. — 56 ans d'âge, 48 ans de service. A été primé par le Comice d'Abbeville, en 1863.

Moulliez (Emélie-Stéphanie), veuve Baudelu, ouvrière agricole chez M. Bosquet, à Drucat, 60 fr. — 56 ans d'âge, 45 ans de service. Bonne ouvrière. Soutien de sa mère âgée.

Bourgeois (Jean-Baptiste-Stanislas), valet de charrue chez MM. Rougier père et fils, à Curlu, 60 fr. et une médaille en bronze du Département. — 65 ans d'âge, 52 ans de longs et loyaux services dans la même maison.

Sallier (Jean-Baptiste), valet de charrue, moissonneur, batteur en grange et ouvrier agricole chez M. Petit, à Buire-Courcelles, 60 fr. — 71 ans d'âge, 55 ans de services consciencieux, dont 46 ans dans la ferme de M. Petit.

Armand (Augustin), garçon de ferme chez M. Warin, à Cerisy-Gailly, 60 fr. — 62 ans d'âge, 52 ans de service. Longs services et dévouement à ses maîtres.

Démarquay (Henriette), fille de ferme chez M. Normand-Camus, à Ginchy, 60 fr. — 70 ans 1/2 d'âge, 42 ans de services. Dévouement envers une sœur aliénée.

Pruvost (Casimir-Sévérin), valet de charrue chez Mme veuve Remy, à Domart, 55 fr. et une médaille en bronze du Département. — 61 ans d'âge, 34 ans de service dans la même maison. Ancien militaire. Conduite digne d'éloges.

Balesdent (Abraham), batteur en grange chez M. Bardoux, à Franqueville, 55 fr. — 80 ans d'âge, 50 ans de service. Conduite excellente. Infirme.

Leroy (Amédée), jardinier à Foucaucourt-hors-Nesle,

50 fr. et une médaille en bronze du Département. — 64 ans d'âge, 50 ans de service dans la même maison. Fidélité et dévouement à ses maîtres.

Jérome (Firmin), berger communal à St-Sauflieu, 50 fr. et une médaille en bronze du Département. — 68 ans d'âge, 50ans de service dans la même maison. Prime avec médaille en 1864. Longs et bons services.

Pointel (Julien), valet de charrue à Lamaronde, 50 fr. — 62 ans d'âge, 45 ans de service dans la même maison. Prime en 1859. Honnête, probe.

Thuillier (Nicolas), batteur à Ailly-sur-Somme, 50 fr. — 69 ans d'âge, 49 ans de service dans la même maison. Bonne conduite. Intelligent.

Cottinet (Jean-Baptiste), moissonneur et batteur à Warfusée-Abancourt, 50 fr. — 63 ans d'âge, 49 ans de service dans la même maison. Bons et loyaux services.

Buignet (François-Martial), valet de charrue à Thieulloy-l'Abbaye, 50 fr. — 56 ans 1/2 d'âge, 42 ans de service dans la même maison. Deux primes en 1858 et 1863. Conduite digne d'éloges.

Rouillard (Charles-Modeste), moissonneur et ouvrier agricole chez M. Padieu, à Crécy-les-Granges, 50 fr. et une médaille en bronze du Département. — 64 ans d'âge, 56 ans de service. Très-bonne conduite.

Dantin (Nicolas), moissonneur et ouvrier agricole chez M. Fauvel-Caudron, à la ferme du Hamelet-les-Favières, 50 fr. et une médaille en bronze du département. — 82 ans d'âge, 50 ans de service. Très-recommandable. Infirme depuis 1860.

Bellard (Jean-François), valet de charrue chez M. Duchaussoy, à Huppy, 50 fr. — 63 ans d'âge, 42 ans de service

A été primé par le Comice d'Abbeville en 1855. — Bonne conduite et dévouement.

Demoiselle GOSSE (Marie-Aimable-Amélie), servante de basse-cour chez M. Delattre, à Coulonvillers, 50 fr. — 60 ans d'âge, 35 ans de service.

WALLOIS (Marie-Angélique), femme Jumel, ouvrière agricole chez M. Lefebvre de Villers, à Villers-sous-Mareuil, commune d'Huchenneville, 50 fr. — 49 ans d'âge, 34 ans de service. Ouvrière hors ligne par son dévouement et son ardeur au travail.

QUÉNOT (Elisa-Victorine), fille de ferme, chez M. Dournel, au Meillard, 50 fr. — 52 ans d'âge, 32 ans de service dans la même maison. Bons services.

BÉCOURT (Pierre), ouvrier batteur chez M. Jourdain, à Fieffes, 50 fr. — 63 ans d'âge, 50 ans de service. Conduite irréprochable.

BOURGEOIS (Jean-Pierre-Barthélemi), valet de charrue chez M. Morgan, à Maricourt, 50 fr. — 71 ans d'âge, 47 ans de service. Longs et loyaux services.

BOURBION (Marc), ouvrier agricole, chez M. Rouillard, à Estrées-Deniécourt, 50 fr. — 82 ans d'âge, 43 ans de service. Très-bons services.

MESSIASSE (Jean-Pierre-Eloi), ouvrier agricole chez M. Guilmont, à Rouy-le-Petit, 50 fr. — 81 ans d'âge, 43 ans de service. Longs et bons services.

DEBRAS (Augustin), garçon de cour chez M. Tardieu, à Ste-Radegonde, 50 fr. — 55 ans d'âge, 39 ans de service. Longs et bons services non interrompus dans la même maison.

Des bravos énergiques accueillirent chacun des ouvriers

et ouvrières lorsqu'ils se présentèrent pour recevoir leurs récompenses ; ils redoublèrent d'intensité quand on vit madame Cornuau embrasser avec effusion l'ouvrière qu'on l'avait priée de couronner. A son exemple, quelques dames qui assistaient à la cérémonie embrassèrent aussi les braves femmes qui leur furent successivement présentées ; puis Messieurs du Conseil général, depuis les plus sérieux jusqu'aux plus jeunes, Messieurs du Conseil de préfecture et les autres fonctionnaires, n'hésitèrent plus à donner une franche accolade à toutes les ouvrières, que leurs longs et loyaux services avaient rendues dignes de figurer sur la liste des lauréats.

La gravité solennelle de la cérémonie reçut peut-être quelque atteinte de cette expansion ; mais à coup sûr personne ne s'en plaignit : ce fut une véritable fête de famille, et dans toutes les communes du département, où ce soir même les faits et gestes de cette journée se raconteront au coin du foyer, on aimera à rappeler les épisodes divers qui ont doublé la valeur des récompenses par la manière gracieuse et cordiale à la fois avec laquelle elles ont été décernées.

Nous n'avons pu noter tous les incidents, mais nous n'avons pas oublié les trépignements de l'assemblée quand on vit s'avancer, courbés sous le poids des ans, ces respectables serviteurs de l'agriculture et de l'industrie, dont la devise d'une longue existence a toujours été : *probité, dévouement*. Ajoutons-y *intelligence*, quand il s'agissait de ces ouvriers hors ligne dont les découvertes utiles ont si puissamment contribué au développement de notre fabrication départementale. Grâce à leur concours de tous les instants, la lutte devient possible avec la concurrence étrangère.

Rappelons encore, avant de continuer le résumé succinct de cette fête, les témoignages de déférence qui, selon l'heureuse expression de M. le Maire, ont accueilli les femmes honnêtes et charitables jugées dignes des prix de nos « Montyon picards. » — Mentionnons aussi ce contre-maître de la fabrique de la papeterie de MM. Jules Bernard, Obry fils et Ce, de Prouzel, maire de sa commune, auquel M. le Préfet a voulu remettre lui-même sa médaille en l'accompagnant des éloges les plus flatteurs; — associons-nous enfin à cette éclatante manifestation de l'opinion publique, dont l'excellente institution de nos sapeurs-pompiers a été l'objet lorsqu'on a fait aux lauréats la remise des médailles et des diplômes d'honneur.

Avant de procéder à la distribution des récompenses aux ouvriers de l'industrie, M. le Préfet a donné la parole à M. Courbet-Poulard, Conseiller général, Président de la Chambre de commerce d'Abbeville, qui a prononcé le discours suivant :

« MONSIEUR LE PRÉFET,

» MESSIEURS,

» Je m'en voudrais de ne pas remercier, en commençant, l'Administration préfectorale de l'excellente inspiration qu'elle a eue de grouper en une seule cérémonie plusieurs fêtes qui s'harmonisent si heureusement : la fête du dévouement à l'Agriculture et à l'Industrie, dans les récompenses aux obscurs serviteurs de la ferme et de l'usine ; — la fête du dévouement au salut de nos personnes et de nos propriétés, dans les récompenses aux braves compagnies de sapeurs-pompiers ; — la fête du dévouement à la vertu, dans les récompenses fondées soit par M. J. Boucher de Crévecœur de Perthes, d'Abbeville, soit par Mlle. d'Hubert, d'Amiens, en faveur de l'humble ouvrière qui en aura été jugée le plus digne, pour avoir su vivre honorablement de son labeur quotidien et marcher invariablement dans la voie droite, nonobstant les séductions de la jeunesse et les tentations de la misère.

» En me renfermant, Messieurs, dans le chapitre des mérites agricoles et industriels qui font l'objet exclusif de mon mandat, comme rapporteur de la Commission départementale, je me félicite de voir qu'une délibération du Conseil général ait réuni, cette fois, l'Agriculture et l'Industrie, deux sœurs qui se trouvaient, on ne sait pourquoi, séparées dans la sphère des récompenses, quoiqu'elles soient inséparables dans la sphère des relations.

» Accoutumé à votre bienveillante indulgence depuis 14 ans, j'espère qu'elle ne fera pas encore défaut, aujourd'hui, à celui qui s'honore d'être l'avocat d'office, le secrétaire perpétuel, le héraut d'armes, en quelque sorte breveté, de l'intéressante phalange des travailleurs de notre beau Département. (*Applaudissements*).

» Quand on a vu, Messieurs, cette arche colossale du dix-neuvième siècle, qui, d'une autre manière que l'arche antique de l'époque diluvienne, contient dans ses flancs le résumé de l'Univers ; — quand on a visité les rues et les places publiques de cette vaste cité, que sont venues peupler, de toutes les latitudes du globe, tant de merveilles étonnées de se rencontrer, côte à côte, dans un centre commun ; — quand on a interrogé, dans son ensemble et dans ses détails, ce temple du génie humain, qui va bientôt se replier comme une tente, dressée à si grands frais, pour une simple hospitalité de quelques mois ; — quand on a coudoyé, dans ses galeries, toutes les nations, tous les costumes ; qu'on a entendu toutes les langues, tous les dialectes, se mêler là, mais sans se confondre, comme dans la fameuse Babel des temps primitifs ; — quand on a escorté du regard ce majestueux défilé de souverains, qui, après avoir fait cercle autour de Napoléon III, dans Paris, cette capitale de la civilisation, s'arrêtaient, de distance, en distance, avec l'épanouissement de l'admiration, devant des milliers de chefs-d'œuvre accumulés, pour y saisir le sceau de Dieu dans les prodiges de l'homme, et pour y reconnaître la plus belle des noblesses et la plus glorieuse des royautés, celle de l'intelligence et du travail ; l'intelligence et le travail ! deux puissances, s'il en fut, qui sont en voie de pétrir et de transformer le monde !... oui, alors, Messieurs, on est heureux et fier d'être enfant de la France. (*Applaudissements*).

» Quand on a réfléchi, en foulant le sol du Champ-de-Mars, ce sol habitué à trembler sous la pression des exercices militaires et des manœuvres d'artillerie, que le monument d'un jour qui le couvre devrait être le signal, comme il est le symbole, de la fédération des peuples réconciliés ; le signal de l'union entre tous les enfants de la grande famille humaine ! union, vers laquelle acheminait si naturellement l'idée impériale d'un congrès européen... oui, on se prend à regretter que les hautes exigences de l'honneur national nous imposent l'obligation rigoureuse de rester armés par la prévoyance contre les éventualités... on se prend à regretter que le Chef de l'Etat, que nous avons salué, il y a deux jours, de nos acclamations, ne puisse pas encore, par un virement qui rencontrerait tant d'adhésions, celui-là ! réduire le budget stérile de la guerre, pour grossir les budgets toujours si féconds de l'instruction (1) et des travaux publics, de manière à faire, du pays, un immense atelier, au lieu d'une immense caserne, et à réorganiser l'industrie qui enrichit les peuples, au lieu de réorganiser l'armée qui les épuise... lorsqu'elle n'est pas mise en demeure de les défendre (comme une locomotive de secours qui consomme et consomme encore son charbon... en attendant qu'on ait besoin de ses services).

» Mais, au milieu de ces réflexions de l'homme, du philosophe... au milieu de ces aspirations condamnées malheureusement à attendre leur échéance, qu'il est impossible au Souverain lui-même de hâter... on se sent heureux et fier d'être enfant de la France ! (*Applaudissements*).

» Et après avoir admiré... et réfléchi... quand on songe que, *si l'idée des expositions est une idée toute française*, dont la première expression remonte à 1798, *l'idée des expositions universelles est une idée toute picarde ;* qu'elle a germé, sur les bords de la Somme, dans le cerveau d'un homme éminent, à bien des titres, et dans l'ordre de l'esprit et dans l'ordre du cœur ; dans le cerveau d'un penseur qui, dès 1830, avait recommandé (2), mais recommandé aux pro-

(1) « N'est-on pas plus grands aujourd'hui, comme le disait si hautement l'Empereur Napoléon III lui-même, par l'influence morale qu'on exerce que par des conquêtes stériles ? » (*Proclamation du 8 mai* 1859.)

(2) *Opinions de M. Christophe,* par M. Boucher de Perthes. (Edit. de 1831, chez Treuttel et Wurtz, libraires. à Paris) 1re partie.

grès de l'avenir(1), la théorie du libre-échange; théorie qui, en se précipitant, depuis, dans le domaine des faits, à la voix de Cobden, est venue nous surprendre, ici, avant l'heure ; — quand on songe que *l'idée des expositions universelles appartient à M. Jacques Boucher de Crèvecœur de Perthes ;* qu'il l'a publiée(2), en 1833, juste dix-huit ans avant la grande exhibition de 1851.. Oh! alors on se sent heureux et fier d'être enfant de la Picardie. (*Applaudissements*).

» Quand on fait l'appel des exposants, qui ont été admis aux honneurs du Champ-de-Mars ; que 138 noms de la Somme (40 plus qu'en 1862) répondent à cet appel ; que sur ces 138 noms, 66 sont sortis vainqueurs de la lutte ; et que, à la tête de ces vainqueurs, se trouve le Département lui-même, qui s'est naturellement incarné dans son premier magistrat, pour recevoir la plus haute récompense du jury international, la médaille d'or de 1,000 francs, la seule qu'ait obtenue (3) un Département, considéré comme exposant ;— quand on se souvient que cette éminente distinction a été accordée unanimement par les arbitres élevés du concours universel, « à l'exhibition collective de la Somme ; exhibi-
» tion qui comprenait, outre diverses variétés de céréales
» et de racines, outre diverses autres séries de produits
» agricoles, plusieurs cartes agronomiques communales,
» accompagnées de sols et de sous-sols, marnes et argiles
» analysés ; que ces cartes si simples et si instructives, dont

(1) Même ouvrage, pages 49 et 50, notamment.

(2) *Mémoires de la Société d'Emulation d'Abbeville*, année 1833, pages 507 et 508.

(3) Récompense d'autant plus distinguée qu'elle a été obtenue dans la classe 43, où se trouvaient en présence les produits de 4000 exposants appartenant à toutes les nations.

» l'inspection suffit au cultivateur pour connaître immédia-
» tement à fond la constitution du champ qu'il exploite et
» la nature des amendements que réclame son terrain ;
» que ces cartes sont dues à l'inspiration de M. le Conseiller
» d'Etat, Préfet de la Somme, et à l'action du Conseil gé-
» néral ; qu'elles s'exécutent, depuis 1864, sous leurs aus-
» pices et avec le crédit annuellement inscrit au budget
» départemental ; » — quand on sait, aussi, que les produits remarquables des principales industries de la Somme ont valu à nos fabricants les rémunérations les plus flatteuses... on est conduit logiquement à conclure avec M le Préfet que « ces succès éclatants, dans des branches de
» production, aussi nombreuses que variées, établissent évi-
» demment notre supériorité et démontrent, par conséquent,
» que nos manufacturiers et nos agriculteurs sont résolûment entrés dans une voie féconde de progrès ; (1) » et, on a bien le droit de répéter tout haut qu'on est heureux et fier d'être enfant de la Picardie. (*Applaudissements*).

» Ces glorieux résultats, Messieurs, comment les expliquer ?

» Comme il y a une place pour chaque chose dans le monde physique, une place pour chaque membre dans l'organisation humaine, il y a une place pour chaque homme dans le corps social. — Que chaque chose, que chaque membre, que chaque homme reste à sa place pour y remplir sa destination providentielle, et l'on jouit, alors, dans toutes les sphères, de la tranquillité dans l'ordre et de la paix dans l'harmonie.

(1) Rapport du Préfet, pour la session du Conseil général, en 1867, p. 50, 54, 57, etc.

» Eh bien ! le département de la Somme est heureusement peuplé d'hommes, dont chacun connaît sa place et la conserve, sans attenter, en général, à celle d'autrui. Aussi, la révolution, cette fièvre intermittente des nations malades, n'a-t-elle jamais travaillé spontanément notre vieille et fidèle province ; ici, les entrepreneurs de trouble ne trouvent pas à placer leurs actions... et la ville d'Amiens s'est honorée, il y a quelques années encore, lorsque, dans le cours de cette période néfaste, où l'anarchie régnait sur les ruines de l'autorité, elle s'est levée, comme un seul homme, pour marcher, sous la sage et énergique direction d'un digne administrateur (1), et refouler vers sa source impure le flot d'agitateurs qui s'étaient soudain répandus dans son enceinte où ils se croyaient en pays conquis... non, il n'y a pas ici de cœurs sourdement affiliés au désordre. *(Applaudissements)*.

» Dans notre bonne province, les manufacturiers sont éclairés et dévoués : l'œuvre profite de leurs lumières qui dirigent facilement des natures dociles et des aptitudes incontestables à toutes sortes de travaux ; l'ouvrier bénéficie de leur dévouement, qu'il leur rend presque toujours avec usure, en fidélité et en attachement ; à preuve ces

(1) M. Porion, de très regrettable mémoire, était alors maire d'Amiens et représentant du peuple.—Aucun de ses concitoyens n'a eu le droit d'oublier tout ce que sut déployer de modération et de fermeté, cet honorable magistrat, pour délivrer, sans coup férir, la ville préfectorale, d'un L......., ce *commissaire extraordinaire* qui pesait sur elle, de par Ledru-Rollin, et des hideux suppots, que les clubs du faubourg St-Antoine avaient déversés sur la Picardie, avec mission expresse d'en révolutionner les paisibles populations !

500 candidatures, ou aux pensions ou aux primes départementales, qui nous sont venues, soit des villes, soit des campagnes ; toutes candidatures bien justifiées et qui feraient croire que bien des travailleurs, chez nous sont, de cœur, immeubles par destination. — Ce lien entre le patron et le personnel de son usine est un grand élément de succès pour les produits eux-mêmes, qui portent toujours le cachet des mains longuement expérimentées par lesquelles ils ont passé. (*Applaudissements*).

» Le vieil ouvrier, d'ailleurs, a senti, lui aussi, le souffle de l'époque qui nous pousse en avant; il a senti le poids de son ignorance; il apprécie maintenant l'instruction qui lui manque, et il tient d'ordinaire à faire jouir son enfant d'un avantage qui, en élevant sa capacité, élèvera sa moralité et son bien-être. — Les écoles primaires sont plus suivies que jamais; les écoles d'adultes s'ouvrent pour combler les lacunes chez ceux qui ont dit à la classe un adieu trop prématuré ; les cours publics de dessin, de mécanique, de chimie, de géométrie appliquée ont de nombreux élèves de tout âge. Ce que le désir de savoir n'aurait pas opéré seul, le désir d'avoir une position meilleure et de se soustraire à la souffrance d'une infériorité véritable l'accomplit tous les jours. Nous assistons avec bonheur à ce mouvement légitime de l'ambition humaine, attendu que le niveau de chacun montant peu à peu, le niveau de tous monte parallèlement, de sorte que, avec le perfectionnement de l'individu qui a pour conséquence le perfectionnement de son travail, arrive l'amélioration notable de son existence, le sentiment marqué de sa dignité personnelle... et par là l'élévation générale de la société. (*Applaudissements*).

» En même temps que l'ouvrier, chez nous, secoue graduellement le joug de la routine et voit où il marche pour y marcher plus vite, pour y marcher mieux, il a, et c'est une précieuse garantie, l'amour du pays qui le retient près de son berceau, comme un fruit pendant par racine, il a l'amour de la famille... aussi, en général, exerce-t-il sa fonction, ou agricole, ou industrielle, quelle qu'elle soit, avec courage, patience et régularité.

» Il n'y a que deux cas où les ouvriers quittent tous leur place dans la ferme ou dans l'usine, pour se jeter tous en même temps sur la même œuvre, avec la passion du bien qui les possède.

» C'est le cas où la patrie en danger appelle tous ses enfants sous les drapeaux ; témoin l'invasion de 1792 qui vida nos ateliers pour garantir l'inviolation du territoire ; témoin cette mémorable campagne de France où l'on vit, malgré la valeur désespérée de ses braves, tomber sous les efforts d'une coalition, toujours rompue, toujours reformée, le colosse des temps modernes... ce géant du génie, dont les derniers oracles tombèrent du haut d'un rocher perdu dans l'immensité de l'Océan, du rocher de Sainte-Hélène, qu'a immortalisé pour jamais l'aigle qui y eut son aire... avant d'y avoir son tombeau !

» Viennent des circonstances analogues, soit qu'elles jaillissent du choc imprévu des événements, soit qu'elles s'échappent des cartons d'une chancellerie, et l'Europe entière trouverait, comme sous Napoléon Ier, la France entière debout sous Napoléon III. (*Applaudissements*).

» C'est le cas encore de l'invasion de ces fléaux terribles, que la Providence, dans ses impénétrables desseins, déchaîne parfois à travers les nations pour leur rappeler qu'elles sont sous sa main.... et pour leur révéler de grandes âmes que l'on ne soupçonnait pas!

» Il vous souvient, Messieurs, de cette peste épouvantable qui a plané plusieurs longs mois, de ses ailes lugubres, sur la ville préfectorale!... En évoquant ce souvenir funèbre nous devons, tout d'abord, un hommage ému et respectueux aux différents corps, soit religieux, soit civils, dont tant de membres (1) se sont élevés, par la consommation de

(1) Ainsi, M. l'abbé PILLOT, curé-doyen de St-Leu, M. l'abbé RONDEAU, vicaire de Sainte-Anne; — ainsi, deux religieux de l'ordre des Franciscains; ainsi, Mme la supérieure de la Charité, à l'Hôtel-Dieu, et six de ses compagnes; — ainsi, un honorable adjoint d'Amiens, M. BON-HERBET; — ainsi, trois docteurs de la Faculté de médecine, M. LÉGER, M. JAMES et M. THUILLIER; — ainsi, etc., etc.

Une observation à propos de ces nobles victimes:

Quand mes yeux ont rencontré, sur une place publique, telle colonne pompeusement dressée à la mémoire d'hommes qu'on décorait du nom de *héros...* (*héros de l'insurrection!*) je me suis hâté de passer, pour ne plus voir, là, une grave erreur morale et sociale: car, préconiser l'insurrection, c'est l'encourager... et Dieu sait si l'insurrection a besoin d'encouragements!

Mais si, bientôt, mes regards cherchaient encore, en vain, au milieu de la mélancolique nécropole d'Amiens, un monument collectif destiné à perpétuer le souvenir des remarquables dévouements que le choléra de 1866 a dévorés ici... oh! alors, j'éprouverais un sentiment bien pénible, vis-à-vis de l'indifférence de ceux qui ont survécu, envers ceux qui ont succombé à la peine... et je déplorerais une omission si pleine d'injustice et d'ingratitude. — Que peut-on risquer à être équitable et reconnaissant, en payant sa dette à de glorieux morts, et en exhibant ainsi des modèles d'héroïsme devant un siècle où l'égoïsme tend trop généralement à rapetisser les cœurs au lieu de les dilater.

leur sacrifice, au-dessus des récompenses de la terre.

» Parmi les héroïnes que la mort a respectées, vous avez reconnu, avant-hier, la princesse auguste qui, en montant sur le trône, avait revendiqué le portefeuille de la bienfaisance, et qui, fidèle à sa sublime mission, apparaissait tout à coup comme un ange descendu ciel, dans cette cité, muette de douleur, où le monopole de la circulation appartenait aux corbillards... Eh bien ! c'est précisément le 4 juillet 1866, l'époque où les tables nécrologiques étaient le plus chargées, que *l'Impératrice* Eugénie choisissait pour venir visiter les malades, consoler les moribonds, soulager les nécessiteux et rassurer par son abnégation et sa confiance une ville de 60,000 âmes, enveloppée d'un linceul. — Aussi, le pinceau a-t-il reproduit plusieurs fois déjà ce trait surhumain, sur des toiles qui captivent tous les regards, qui touchent tous les cœurs ; toiles signées par deux enfants d'Amiens, M. Féragu et M. Fauvel ; toiles qui immortaliseront une fois de plus la mère de l'héritier présomptif des Napoléon. (*Applaudissements.*)

» Ces toiles, Messieurs, ne sauraient être dépaysées nulle part; il nous a semblé toutefois qu'elles ne seraient, nulle part, mieux à leur place qu'au Musée Napoléon, où la bienfaitrice résiderait ainsi au milieu de ses bienfaits.

» Ne serions-nous pas coupables, Messieurs, si, à travers les souvenirs palpitants de 1866, nous nous dispensions, par égard pour une modestie qui voudrait rendre la vérité captive, de rappeler que la noble épouse de notre bien-aimé Préfet, qui représente le Souverain dans la Somme, que Mme *Berthe Cornuau* a su, à force de constance et d'intrépidité, représenter dignement la Souveraine, dont elle a partagé les inspirations, préparé l'arrivée, accompagné les démarches et suppléé encore l'absence, après son départ, en sollicitant elle-même les pauvres pestiférés, en relevant leur moral, en fermant les yeux de ceux qu'elle n'avait pu sauver, et en recueillant, comme un héritage, leurs petits orphelins.

» Honneur, Messieurs, à la femme d'élite qui s'est constituée sœur de charité en face même de la mort, pour défier le fléau et lui disputer ses victimes ; honneur à la femme d'élite à laquelle l'Empereur, dans sa juste munificence, a, le 25 juillet 1866, délivré, non sur une feuille de parchemin, mais sur une tablette d'or (1), de grandes lettres de noblesse. (*Applaudissements.*)

» ***Honneur donc, d'abord, à Sa Majesté l'Impératrice*** EUGÉNIE !

» Et puis : ***Honneur à Madame Berthe Cornuau !***

» Pardon, Messieurs, si j'ai osé franchir d'un bond les distances qui séparent ces deux noms ; c'est que ces distances, infranchissables partout ailleurs, la vertu a su les rapprocher à Amiens ; à Amiens, théâtre immortel de leurs communs exploits ; — c'est que, dans l'histoire du pays comme dans la mémoire de ses habitants, le nom honoré de Mme ***Berthe Cornuau*** reste indissolublement lié au nom vénéré de *l'Impératrice* EUGÉNIE, que tout le Département

(1) V. le *Moniteur* du 29 juillet 1866.

condensé dans nos rues accompagnait hier, au milieu d'*hosanna* sans fin pour Elle et pour le Prince Impérial, sur la tête duquel reposent, avec les destinées de la France, les destinées de la dynastie Napoléonienne.

» Avant de clore cette digression que mon cœur vous devait, que vos cœurs attendaient, formons, Messieurs, pour être justes envers tous, formons un seul faisceau des nombreux dévouements qui se sont produits aux divers étages d'une population si cruellement décimée, et embrassons, dans un même sentiment d'admiration et de gratitude, tous nos bienfaiteurs à la fois, Préfet, (1) Evêque, (2) Maire, (3) administrateurs de tout ordre, prêtres, citoyens, religieux, femmes du cloître et femmes du monde, patrons et ouvriers... car les ouvriers et le dévouement se connaissent de vieille date; ils savent le pratiquer avec autant d'aisance que de simplicité, comme ils savent le payer avec autant de bonne foi que de persévérance.

» Quand la période douloureuse du dévouement a été ainsi traversée, Messieurs, nos braves travailleurs sont rentrés dans leurs habitudes, et, jaloux de l'honneur de *leur maison*, ferme ou manufacture, ils ont mis tout leur orgueil à fabriquer et à parer leurs produits pour les grandes assises du Champ-de-Mars!... Là, ces produits ont, pendant trois mois d'une honorable captivité préventive, attendu leur arrêt.

(1) M. Jules CORNUAU, conseiller d'État; (2) Mgr BOUDINET; (3) M. DHAVERNAS.

» Enfin, il est venu le jour du 1er juillet, où nos agriculteurs et nos industriels, dans une solennité unique au monde, par la grandeur du Souverain qui la présidait, par la grandeur de la scène où elle se passait, par la grandeur des œuvres qui s'y trouvaient et par la grandeur des lauriers qui germaient à leurs côtés... il est venu le jour où les exposants ont entendu proclamer, tout haut, leur succès, et où ils se sont avoué, tout bas, en pleine conscience, la part qu'ils en devaient à leurs modestes et fidèles collaborateurs.

» Cette réflexion de la loyauté était le prélude de la fête qui nous réunit. — Après le jour des patrons devait venir le jour des ouvriers..., comme après les grandes décorations aux généraux, le lendemain d'une bataille, les médailles arrivent au simple soldat. Eh bien ! Messieurs, c'est un beau jour pour nos simples soldats de l'agriculture et de l'industrie, que nous saluons, que nous fêtons ensemble.

« Braves ouvriers,

» Ce n'est point en présence de plusieurs têtes couronnées ni sous les voûtes indéfinies d'un palais gigantesque, que les pensions, les primes et les médailles vont vous être distribuées ! Non ! mais c'est en présence du délégué permanent de l'Empereur parmi nous, en présence de l'homme éminent qui, par la sagesse de sa direction et la modération de son caractère, semble s'attacher uniquement à réaliser dans tous ses actes le programme impérial de Bordeaux (1), et n'a en conséquence qu'un but: « conquérir à la concilia- » tion les partis dissidents et ramener dans le courant du » grand fleuve populaire les dérivations hostiles qui vont se » perdre, sans profit pour personne. »— C'est sous la présidence d'un magistrat dévoué qui vous porte tous dans son cœur comme vous le portez dans le vôtre, depuis surtout que, après vous avoir gagné par l'attraction de sa nature et la bienveillance de son contact, il vous a conquis par son courage froid et calme contre un ennemi indomptable autant qu'invisible; — c'est sous les yeux d'un préfet profondément paternel avec lequel vous avez conclu un pacte... qu'il vous importe de voir consacrer, par la plus haute des sanctions, celle d'un décret impérial!... qui perpétuerait notre heureux *statu quo*, avec plus de grandeur et plus de crédit encore pour le gouverneur si cher de notre Picardie! (*Applaudissements*).

» Vous n'avez pas ici, braves ouvriers, une foule d'inconnus ou d'indifférents, comme au Champ-de-Mars, où la curiosité avait, en général, plus que la sympathie, été chercher un spectacle; mais vous avez mieux, vous avez, pour applaudir à vos succès, tout ce que l'administration, la magistrature, l'Eglise, l'armée et l'enseignement ont de plus élevé dans le Département;— vous avez là vos familles,

(1) Le Prince-Président déroulait ce programme, à Bordeaux, en septembre 1852, dans le cours de son mémorable voyage d'exploration à travers les départements du midi ; voyage qui eut pour conséquence, en novembre de la même année, le rétablissement de l'Empire.

vos camarades pour échanger avec vous de douces émotions à mesure que vos noms seront appelés.

» Avant de les appeler, un mot encore, un seul mot, mais un mot qui est un avertissement !

» Il faut que vous le sachiez, dignes et braves ouvriers, de l'autre côté du détroit, on organise une vaste conspiration ; on y aiguise des armes, on y dresse des bataillons, on y fabrique des engins de guerre... on y guette le moment de se ruer sur l'Empire...

» L'idée de cette invasion, cette idée qui est une vieille maladie chronique, dans le Royaume-Uni, tend, de jour en jour, à y devenir une maladie aiguë. La citadelle de South-Kensington est formidablement assise, au milieu du pays ; autour d'elle gravitent mille forts détachés, tous solidaires dans leur action contre la France.

» Il n'y a plus d'illusion possible, le danger est à nos portes, et... un seul moyen de le conjurer ! Elevons, nous aussi, des citadelles, multiplions pour notre défense les forts détachés, aiguisons nos armes, dressons nos bataillons, fabriquons nos engins de guerre... et notre prévoyance nous aura sauvés.

» South-Kensington est la citadelle lumineuse d'où l'instruction professionnelle rayonne sur toute l'Angleterre ; c'est un musée-école normale ; c'est la métropole d'une multitude de succursales ; c'est le cœur d'un corps immense, qu'elle anime de son activité...

» Avec les institutions qu'elle a suscitées partout, son génie des intérêts matériels a singulièrement développé de talents industriels de toutes sortes.

» Eh bien ! entre la base de l'instruction publique que forment nos quarante mille *écoles de l'enseignement primaire*, et l'*école centrale* qui forme le sommet de la pyramide, il s'échelonne et surtout il s'échelonnera bientôt partout, une série d'*écoles professionnelles*, aussi nombreuses que variées selon la position des familles, l'aptitude des sujets ou le caractère des besoins locaux.

» Les *écoles d'adultes* nous ont donné déjà des merveilles, dont je ne cite que deux.

» C'est un ouvrier, ***Ruhmkorff*** (1), qui, dans les investigations auxquelles le conduisait sa pratique, a obtenu, il y a deux ans, le prix de 50,000 fr., fondé par S. M. Napoléon III, pour la bobine destinée à produire l'étincelle électrique, dite étincelle d'induction, dont les commotions sont si foudroyantes et les applications si multiples.

» C'est un ouvrier, ***Bernabi*** (2), qui a résolu le problème, si longtemps posé, de la complète adhérence du fer et du cuivre par la galvanoplastie, sans mastic, sans préparation, sans l'application d'une matière isolante quelconque entre les deux métaux ; découverte qui a eu un retentissement immense dans toutes les marines du monde, eu égard au blindage actuel de nos constructions navales.

» Voilà deux exemples, entre autres, de célébrités, qui se sont faites, ces temps-ci, dans vos propres rangs, en alternant le travail matériel du chantier, où est la pratique, avec le travail intellectuel de l'école, où est la théorie... qui met si bien l'esprit au service de la main !

(1) V. le *Moniteur* du 7 septembre 1864.
(2) V. le *Siècle*, du 17 juillet 1867.

» Que vos enfants commencent donc à aller puiser l'instruction à l'école primaire comme ils vont puiser l'eau à la fontaine pour s'y rafraîchir ; — vous leur devez l'aliment de l'intelligence et du cœur non moins que l'aliment de l'estomac.

» Qu'ils aillent ensuite demander aux cours spéciaux qui se placent entre l'école et l'atelier l'intelligence spéciale de leur métier et l'exercice raisonné de leurs bras.

» Que chacun s'élève... et tous se sentiront élevés par une sorte de mouvement uniforme, et la société entière se réjouira d'un progrès qui se communiquera, de la génération présente, aux générations futures, qui grefferont elles-mêmes des progrès nouveaux sur les progrès antérieurement acquis; — et le gouvernement de l'Empereur se félicitera en voyant sur une grande échelle aboutir ses efforts incessants pour le bien général.

» Et alors, nous pourrons, appuyés, dans la paix, sur le travail doublé de science, nous pourrons appuyés, dans la guerre, sur la force doublée de confiance, répéter à l'unisson ce refrain si patriotique :

» *Jamais en France l'Anglais ne règnera.* »

(*Applaudissements répétés*).

Je suis chargé de vous exposer, Messieurs, que la Commission départementale a fait un voyage de découvertes à travers plus de 500 dossiers ; — que, débordée par le chiffre des demandes si peu en rapport avec le chiffre des pensions et des primes à appliquer, elle a dû se borner à extraire quelques noms, les plus dignes parmi les dignes...

L'exiguité du crédit était telle, au milieu de l'affluence de candidatures que bien des établissements importants et recommandables n'ont pu avoir un seul lauréat... Les candidatures inférieures à 40 ans d'âge étant forcément hors de concours, sauf le cas de mérites privilégiés.

La Commission, Messieurs, a successivement pesé, discuté, comparé les titres, et, c'est après mûre délibération qu'elle a rendu son verdict, dont elle attend, de votre jugement, la pleine et entière confirmation.

Le Conseil général a, en outre, déterminé, dans sa séance du 31 août, les ouvriers qui entreront en jouissance des pensions départementales devenues vacantes par le décès des titulaires. — Les noms des nouveaux pensionnaires, M. le Conseiller d'Etat, Préfet de la Somme, a voulu se réserver le droit de les proclamer lui-même.

CATÉGORIE DE L'AGRICULTURE.

A la dame Desseaux (Madeleine,) née Bertrand, ouvrière agricole chez M. Fée (François,) cultivateur à Thézy-Glimont, arrondissement d'Amiens; 77 ans d'âge, 64 ans de service: une pension de 50 francs.

Au sieur Coquerel (Jean-Baptiste,) manouvrier agricole chez M. le Comte de Morgan à Frucourt, arrondissement d'Abbeville; 85 ans d'âge, 71 ans de service: une pension de 50 francs.

Au sieur Journé (Pierre-Charles-Quentin,) manouvrier agricole chez M. Hilaire Lesenne, propriétaire cultivateur à Buigny-Saint-Maclou, arrondissement d'Abbeville; 78 ans d'âge, 67 ans de service: une pension de 50 francs.

Au sieur Vermond (Vincent,) journalier agricole à Eterpigny, arrondissement de Péronne; 78 ans d'âge, 64 ans de service: une pension de 75 francs.

Au sieur Douin (Jacques-Antoine,) ancien valet de charrue à Mesnil-Saint-Georges, arrondissement de Montdidier; 69 ans d'âge, 51 ans de service, avec infirmités: une pension de 50 francs.

CATÉGORIE DE L'INDUSTRIE.

Au Sieur Joseph de Rouvroy, ouvrier tanneur chez M. Cardenier et ses successeurs, à Montdidier; 72 ans d'âge, 51 ans de service: une pension de 75 francs.

Au Sieur Darras (Nicolas-Antoine,) fontainier chez M. Beurrier à Abbeville; 81 ans d'âge, 66 ans de service: une pension de 50 francs.

Au Sieur Carpentier (Côme-Pierre,) ouvrier cartonnier an Hamel, arrondissement de Montdidier: une pension de 50 francs.

PRIMES AUX OUVRIERS DE L'INDUSTRIE.

PREMIÈRE CATÉGORIE.

Inventions, innovations et services rendus à l'Industrie.

Dupuis (Lucien), contre-maître chez M. Ed. Fleury, à Amiens, 100 fr. et une médaille en argent accordée par S. Exc. M. le ministre de l'agriculture, du commerce et des travaux publics. — 50 ans d'âge, 42 ans de service. Dupuis, ancien soldat, entra à l'âge de 8 ans comme tireur à un métier dans une fabrique de tapis. Son désir de s'instruire le fit toujours remarquer parmi ses camarades. Son intelligence et son dévouement furent appréciés par ses maîtres et les ouvriers. Il est depuis 1848 administrateur de la Société de prévoyance et de secours mutuels et membre du Conseil des prud'hommes d'Amiens. Dupuis rend de grands services à ses maîtres et contribue pour une grande part au succès de l'industrie à laquelle il se dévoue.

Hénocque (Urbain), ouvrier quincaillier chez M. Briet-Germain, à Abbeville, 100 fr. et une médaille en bronze du Département. — 59 ans d'âge, 19 ans de service. Hénocque se livra, après un congé pendant lequel il fut ouvrier serrurier dans les arsenaux, à la fabrication de l'industrie de la serrurerie. Il s'occupa, sur les instances de M. Briet-Germain son maître, de la fabrication des articles de quincaillerie dont le perfectionnement échappait à l'attention des grands manufacturiers de la France et de la Prusse rhénane. Il introduisit ainsi, dans le Vimeu, une industrie nouvelle, auprès de celles de la serrure, du cadenas, du cylindre, et chaque année voit augmenter le groupe de familles qui vit de cette heureuse importation.

Bail (François), chef ouvrier chez M. Delacour, fabricant de bonneterie à Villers-Bretonneux, 100 fr. — 42 ans d'âge, 30 ans de service.

Bail (Jean-Baptiste), chef ouvrier chez M. Delacour, fabricant de Bonneterie à Villers-Bretonneux, 100 fr. — 44 ans d'âge, 31 ans de service.

Les frères Bail sont des ouvriers intelligents, industrieux et dévoués. Le commerce et l'industrie de la bonneterie leur doivent les plus belles découvertes et les plus beaux travaux de fantaisie. Ils ont donné au mécanisme du métier anglais la célébrité la plus grande. La Société industrielle d'Amiens a enrichi sa collection des inventions de ces habiles contre-maîtres.

Masse (Désiré), garçon meunier chez M. Caron, à Oresmaux, 75 fr. et une médaille en argent du Département. — 54 ans d'âge. 32 ans de service. Masse a toujours eu un dévouement, une fidélité et un courage sans bornes pour son maître. Il a contribué, par son intelligence, à transformer l'outillage du moulin qu'il dirige depuis 32 ans.

Lachapelle (Pierre-François), ouvrier mécanicien-modeleur chez MM. Godrand frères, mécaniciens à Abbeville, 75 fr. — 49 ans d'âge, 20 ans de service. Lachapelle est un de ces hommes qu'un atelier est heureux de posséder. Indépendamment de sa fidélité, il se distingue par un esprit d'invention ou d'innovation qui contribue à abréger et à perfectionner le travail.

Monory (Célestin), tisseur à Aizecourt-le-Bas, 75 fr. et une médaille en bronze du Département. — 62 ans d'âge, 22 ans de service dans la même maison. Monory peut servir de modèle par son intelligence et ses bons sentiments. Il donna de l'impulsion à la propagation et à la confection du tissage des articles Barège dans onze communes du canton de Roisel.

Vincent (Constant-Alexandre), ouvrier tisseur chez MM. Patriau et Ducrocq, de Sailly-Saillisel, à Moislains, 75 fr. — 43 ans d'âge, 30 ans de service. Vincent, ouvrier intelligent, fut d'abord ouvrier tisseur. Il est depuis 5 ans contre-maître dans la fabrique de MM. Patriau et Ducrocq, à Moislains. Ses patrons l'ont chargé spécialement d'initier les ouvriers de cette localité dans le tissage des articles gazes de soie pour moulins.

Machet (François-Onuphre), ouvrier serrurier-mécanicien, chez MM. Maquennehem et Imbert, à Escarbotin, 60 fr. — 43 ans d'âge, 15 ans de service. Machet est un ouvrier capable et intelligent, auquel on doit des innovations d'une utilité reconnue. Parmi ses innovations, il faut citer principalement : 1° Une machine pour remplacer les bancs à couper le fer ; 2° une machine servant à couper les piliers ; 3° une machine qui, annexée à un tour, fait la denture de scie et présente 100 0/0 d'avantage sur les scies anglaises ; 4° enfin, un outillage complet pour la fabrication de la serrurerie.

Watré (Louis-François), ouvrier mécanicien chez M. Boutté (Firmin), mécanicien à Tully, 60 fr. — 55 ans d'âge, 25 ans de service. Watré réunit toutes les conditions pour faire un excellent ouvrier. S n patron doit à l'intelligence et à l'habileté de Watré l'existence, dans ses ateliers, d'un outillage des plus complets. à l'aide duquel les articles à façonner sont disposés de la manière la plus avantageuse pour l'ouvrier et la plus économique pour le patron.

Delabie (Augustin-Jean-Baptiste), ouvrier serrurier chez M. Depoilly, à Escarbotin, 60 fr. — 64 ans d'âge, 52 ans de service. Delabie, ouvrier très-laborieux, se livre à tout genre de travail dans sa spécialité avec une égale aptitude et un égal succès.

Lecat (Jean-Baptiste-Séraphin), ouvrier surrurier chez M. Guerville, fabricant de serrures à Fressenneville, 50 fr. — 44 ans d'âge, 20 ans de service. Lecat est signalé comme étant un ouvrier intelligent, actif et laborieux. Il a modifié l'outillage de fabrication par l'emploi de divers instruments qui ont réalisé des améliorations très-importantes. Lecat a un rare talent pour inculquer à ses camarades ses idées d'amélioration.

Ringard (Léonard), contre-maître chez MM. J. Bernard et Ce, fabricants de papier à Prouzel, 50 fr. — 55 ans d'âge, 43 ans de service. Ringard est attaché à l'usine de la papeerie de Prouzel depuis 43 ans. Contre-maître depuis 28 ans, il s'est toujours fait remarquer par ses bons et loyaux services et sa parfaite honorabilité.

Beldame (Julien), tisserand et extracteur de tourbes à Condé-Folie, 50 fr. — 57 ans d'âge, 34 ans de service. Beldame, ouvrier intelligent, probe, actif et dévoué, joint à ses qualités une conduite irréprochable. Père de quatre enfants, il est aussi le soutien de sa belle-mère, âgée de 82 ans. La Société industrielle lui a décerné une médaille d'argent et 50 francs.

Dermoune (Louis), ouvrier marbrier chez M. Coënen, à Amiens, 50 fr. — 46 ans d'âge, 25 ans de services. Dermoune dirige depuis 15 ans les ateliers de M. Coënen, marbrier à Amiens. Son patron se loue de ses services.

Michel (Isidore), dessinateur chez M. Vayson, manufacturier, propriétaire des Rames et des Moquettes, à Abbeville, une médaille de bronze de S. Exc. M. le Ministre. — 44 ans d'âge, 32 ans de service. Michel entra à l'âge de 11 ans à l'atelier des dessinateurs comme aide ; il devint metteur en carte et enfin chef du cabinet des dessins de la manufacture des Moquettes. Ouvrier intelligent, il introduisit de nouveaux dessins dans la fabrication des tapis. Il fut délégué par la Chambre de commerce d'Abbeville à l'Exposition de Londres, obtint une mention honorable à l'Exposition espagnole de Bayonne et une médaille comme collaborateur à l'Exposition de Bordeaux.

Holleville (Louis-Joseph), ouvrier serrurier chez MM. Gauthier frères, à Woincourt, une médaille en argent du Département (à titre de rappel pour nouveaux services rendus). — 59 ans d'âge, 44 ans de service. Holleville, déjà récompensé en 1854 par une médaille d'argent et une somme de 200 fr., puis délégué en 1855 à l'Exposition universelle, se recommande par l'intelligente précision qu'il a apportée à la confection de l'outillage d'estampage, nouveau procédé de fabrication qui a doté Abbeville et son arrondissement d'articles de quincaillerie, articles qui, chaque année, prennent du développement.

Lahure (Eugène), ouvrier carrossier chez MM. Richard frères, à Abbeville, une médaille en argent du Département.

— 26 ans de service dans la même maison. Lahure est un ouvrier tout à fait distingué comme garnisseur, dans la carrosserie. Il a le talent et le goût de varier son travail à l'infini et la fidélité de résister à toutes les suggestions d'embauchement auxquelles son mérite a donné lieu.

Beauval (Edouard), ouvrier chez M. Depoilly, serrurier à Escarbotin, une médaille en argent du Département. — Ouvrier intelligent, primé déjà en 1858 pour plusieurs innotions dans l'industrie de la serrurerie. Parmi ses inventions, il faut citer : 1° une machine à fendre les clefs des serrures à pompe ; 2° une serrure de sûreté, à gorge et à secret ; 3° un outil pour terminer la clef et la rendre cylindrique.

DEUXIÈME CATÉGORIE.

Dévouement.

Graire (Henri-Joseph), contre-maître d'imprimerie chez M. Briez, à Abbeville, 100 fr. et une médaille en bronze du département. — 59 ans d'âge, 24 ans de service. Graire entra à l'âge de 14 ans comme apprenti dans l'imprimerie de M. Devérité, à Abbeville. Nommé chef d'atelier de composition en 1849, il contribua à l'accroissement de l'industrie typographique dans cette ville. Graire est aussi bon camarade qu'excellent ouvrier; depuis 24 ans il reste fidèle à ses maîtres, qui apprécient ses rares qualités et sa conduite irréprochable. — Il s'est signalé par un acte de sauvetage, qui a été recueilli par différents journaux, et notamment par le *Moniteur*, tant il avait trouvé de dévouement au devant du danger !

Mortier (Joseph), ajusteur-mécanicien chez Mme Fournier, à Warfusée-Abancourt, 100 fr. et une médaille en bronze de S. Exc. M. le Ministre. — 66 ans d'âge, 38 ans de service dans la même maison. Mortier est un ouvrier intelligent et dévoué qui s'est toujours montré digne de la confiance de ses maîtres. Depuis la mort de son patron, en 1855, il dirige l'établissement ; Mme Fournier reconnaît lui devoir la continuation de son industrie.

Douchet (Jean-Baptiste), ouvrier chez M. Wable, fabricant de bas à Bayonvillers, 100 fr. et une médaille en bronze du Département. — 65 ans d'âge, 52 ans de service. Douchet est signalé par son patron comme un ouvrier loyal et dévoué, et rendant de grands services à la fabrication des articles de bonneterie. Il est le soutien de ses frères et sœurs.

Cabry (François), cocher d'omnibus chez M. Dewailly (Auguste), à Amiens. 75 fr. et une médaille en bronze de S. Exc. M. le Ministre. — 49 ans d'âge, 20 ans de service. Cabry est cité comme un exemple de probité et de fidélité envers ses patrons. Depuis 20 ans il est au service de M. Auguste Dewailly, qui n'a que des éloges à lui adresser.

Caron (Adèle), ouvrière chez MM. Masse et Cressin, manufacturiers à Corbie, 75 fr. et une médaille en bronze du Département. — 41 ans d'âge, 24 ans de service. Caron (Adèlé) travaille depuis 24 ans dans la manufacture de MM. Masse et Cressin fils, à Corbie. Ouvrière laborieuse et probe, elle dirige l'une des parties les plus importantes de l'industrie de cette manufacture.

Roger (Antoine), ouvrier chez M. Delacour, fabricant de

bas et tricots à Villers-Bretonneux, 75 fr. — 71 ans d'âge, 53 ans de service. Roger, d'un dévouement sans bornes pour son patron, a toujours résisté aux offres séduisantes qui lui ont été faites par d'autres fabricants pour rester attaché à l'usine de M. Delacour.

Dallon (Alfred), contre-maître serrurier chez M. Crépin, maître serrurier à Abbeville, 60 fr. — 42 ans d'âge, 16 ans de service. Dallon est un de ces contre-maîtres dévoués, honnêtes et laborieux qu'un patron est heureux de posséder D'une fidélité sans exemple pour M. Crépin, il resta seul à son travail lors d'une grève survenue à l'occasion de l'exécution de travaux au bassin à flot de Boulogne-sur-Mer. Dallon remplit d'ailleurs en l'absence de son patron le poste de confiance.

Buignet (Ferdinand), ouvrier rattacheur chez M. Vayson, manufacturier, propriétaire de Rames et des Moquettes, à Abbeville, 60 fr.— 45 ans d'âge, 29 ans de service. Buignet entra à l'âge de 15 ans à la manufacture de tapis de M. Vayson, à Abbeville. Par son intelligence et son aptitude aux travaux mécaniques, il devint bientôt ouvrier, puis aide-contre-maître et enfin contre-maître. Esprit ingénieux et attentif, il apporta plusieurs améliorations dans la filature. On lui doit la découverte de deux ou trois machines d'un emploi facile et avantageux. Buignet obtint à l'Exposition de Toulouse une médaille comme collaborateur ; il fut délégué par la Chambre de commerce d'Abbeville pour visiter l'Exposition universelle de 1855.

Fournier (Joseph), ouvrier tanneur chez M. Hochedé, à Montdidier, 50 fr. — 54 ans d'âge, 42 ans de service.

Fournier, devenu infirme des suites d'une blessure reçue en activité de service, est depuis 42 ans ouvrier tanneur dans le même établissement. M. Hochedé le cite comme un modèle de sobriété et d'exactitude au travail.

Ellion (Antoine-Joseph), ouvrier corroyeur à Abbeville, 50 fr. — 54 ans d'âge. Ellion est ouvrier dans le même atelier depuis 46 ans. Ses patrons ont toujours été satisfaits de ses bons services.

Legrand (Joseph-Philippe), ancien chauffeur chez Mme veuve Lefranc, à Ham, 50 fr. — 74 ans d'âge, 24 ans de service. Lefranc, ancien chauffeur à l'usine de Mme veuve Lefranc, travaille toujours malgré son âge avancé dans le même établissement. Il est sous tous les rapports digne du plus grand intérêt.

Dufour (Nicolas), ouvrier teinturier chez M. Gonthier-Dubas, à Amiens, 50 fr.— 59 ans d'âge, 34 ans de service. Dufour travaille depuis 34 ans dans le même établissement. M. Gonthier-Dubas n'a qu'à se louer de ses services.

Hucher (Guillaume-Joseph-Vulfran), ouvrier à l'imprimerie de M. Briez, à Abbeville, une médaille en argent accordée par S. Exc. M. le Ministre (à titre de rappel pour continuation de ses services aussi anciens qu'intelligents). — 62 ans d'âge, 54 ans de service. Hucher, ouvrier modèle, entra à l'âge de 8 ans dans l'imprimerie de M. Boulanger, à Abbeville. Malgré les offres qui lui furent faites, il resta constamment fidèle au même établissement, dont il a formé, en quelque sorte, les patrons successifs, sans jamais faire valoir son importance et sans jamais se départir de la ligne du dévouement qu'il s'est tracé à lui-même, et qu'il a tracée, par son exemple, à plus d'nn camarade.

TROISIÈME CATÉGORIE.

Services hors ligne.

MARÉCHAL (Casimir), ouvrier chez MM. Sydenham frères et Ce, filateurs à Rouval, près Doullens, 100 fr. et une médaille en bronze du Département. — 53 ans d'âge, 35 ans de service dans la même filature. MM. Sydenham frères signalent le sieur Maréchal comme un ouvrier honnête, loyal et dévoué. Animé d'un excellent esprit, il a toujours donné à ses camarades d'utiles conseils. Maréchal a sous sa direction une paire de métiers de 1,500 broches.

CAYEUX (Nicolas), ouvrier chez M. Ernest Cauchy, briquetier à Abbeville, 75 fr. et une médaille en bronze du Département. — 64 ans d'âge, 51 ans de service. Cayeux, d'abord apprenti chez M. Cauchy père, devint par sa fidélité et son dévouement contre-maître dans la même maison.

QUENEL (François), ouvrier chez M. Lefèvre, fabricant de tricots à Rosières, 75 fr. et une médaille en bronze du Département. — 51 ans d'âge, 40 ans de service. Quenel est, depuis 40 ans qu'il travaille dans la même fabrique de bonneterie, le modèle du bon ouvrier. Il a initié 20 ouvriers dans ce genre d'industrie.

DELÉPINE (Augustin), chef d'atelier chez MM. J. Bernard

et Ce, fabricants de papier à Prouzel, 75 fr. — 68 ans d'âge, 60 ans de service. Delépine, d'une honorabilité parfaite, devint, de simple ouvrier, chef d'atelier à la papeterie de Prouzel. Il occupe ce poste de confiance depuis 40 ans. Sa conduite et sa moralité lui ont toujours valu l'estime de ses patrons et des ouvriers.

Leroy (Antoine-Victor), contre-maître charpentier chez M. Carpentier à Abbeville, 60 fr. — 53 ans d'âge, 35 ans de service. Leroy possède au plus haut degré l'intelligence, le courage et le dévouement. Il dirige depuis 3 ans les travaux de l'Etat au Tréport avec beaucoup de zèle et une grande activité.

Mennessier (Nicolas-Joseph), ouvrier serrurier chez M. Boutté (Firmin), à Tully, 50 fr. — 76 ans d'âge, 35 ans de service. Mennessier est un vétéran de l'industrie serrurière. Il jouit du respect et de l'estime de tous ses camarades.

Marel (Joseph), ouvrier pannetier chez M. Thibault, à Quevauvillers, 50 fr. — 58 ans d'âge, 31 ans de service dans la même famille. Marel est depuis 31 ans contre-maître dans la fabrique de tuiles et de pannes de MM. Thibault. Il n'a cessé de mériter la confiance de ses patrons.

Perron (Eléonore), ouvrier serrurier à Saint-Valery, pour M. Valery Fournier, à Dargnies, 50 fr. — 59 ans d'âge, 20 ans de service. Perron est un excellent ouvrier qui, par son intelligence, se livre à tout genre de travail dans l'industrie de la serrurerie. Il est le soutien d'une nombreuse famille.

Farcy (Félix), tisserand à Bouillancourt-en-Série, pour M. Carpentier, fabricant de rouennerie à Watteblery, commune de Bouillancourt-en-Série, 50 fr. — 60 ans d'âge, 48 ans de service. Farcy, ouvrier zélé et intelligent, a toujours, depuis 48 ans, le talent d'exécuter, à la grande satisfaction de M. Carpentier, les travaux qui lui sont confiés.

Derouvroy (Joseph), ouvrier corroyeur chez M. Hochedé, à Montdidier, 50 fr. — 69 ans d'âge, 59 ans de service dans le même établissement. Derouvroy, ouvrier intelligent, n'a cessé de montrer une activité digne d'éloges.

Waqué (Maximilien-Joseph), ancien blanchisseur chez M. Dobie, à Cagny, 50 fr. — 71 ans d'âge, 55 ans de service. Waqué est un ouvrier ayant une conduite irréprochable, une probité et un dévouement qui lui ont valu l'estime et la confiance de ses patrons.

Haquin (Honoré), ouvrier chez M. Lefèvre, fabricant de toiles à Rosières, 50 fr. — 60 ans d'âge, 37 ans de service. Haquin est cité comme le modèle du bon ouvrier. Il a initié 12 à 13 apprentis à la fabrication de la bonneterie.

Fernet (Casimir), contre-maître de tourbage chez M. Lallier, à Aveluy, 50 fr. — 55 ans d'âge, 31 ans de service. Fernet dirige les travaux qui lui sont confiés avec une habileté vraiment remarquable. M. Lallier déclare que cet ouvrier a toute sa confiance.

Rouvillain (Nicolas), ouvrier sabotier chez M. Rouvillain (Benjamin), à Bouzincourt, 50 fr. — 55 ans d'âge, 42 ans de service dans la même maison. Rouvillain, d'une probité et d'une conduite irréprochables, mérite à tous égards l'estime de son patron. Il est le soutien de vieux parents et de sept enfants.

Muchembled (Joseph-Pierre), ouvrier cartonnier chez

M. Gadiffet-Petit, à Vecquemont-les-Daours, 50 fr. — 65 ans d'âge, 51 ans de service dans la même maison. Muchembled peut être cité comme modèle par son esprit d'ordre et son excellente conduite. Il est aimé de son patron et de ses camarades.

Buignet (Eugène), ouvrier chez MM. Thuillier-Lequien et Ce, filateurs à Amiens, 50 fr. — 53 ans d'âge, 40 ans de service dans la même filature. M. Thuillier-Lequien recommande Buignet comme ouvrier d'une conduite irréprochable et d'une moralité exemplaire.

QUATRIÈME CATÉGORIE.

Ancienneté.

Oudart (Etienne), ouvrier chez M. Decaix-Leroy, fabricant de bonneterie à Bayonvillers. 75 fr. et une médaille en bronze du Département. — 74 ans d'âge, 63 ans de service.

Floury (Arsène), ancien ouvrier papetier à Berny-sur-Noye, 75 fr. — 70 ans d'âge, 60 ans de service.

Creuset (Victor), ouvrier tisserand chez M. Tholomé, fabricant de toiles à Abbeville, 60 fr. — 68 ans d'âge, 55 ans de service.

Farcy (Pierre-Constant), ouvrier cylindreur chez M. Dupuis, à Abbeville, 55 fr. — 70 ans d'âge, 53 ans de service.

Ouart (Jean-Baptiste-Pierre), ouvrier maçon chez M.

Mary, ingénieur à Saint-Valery, 55 fr. — 86 ans d'âge, 53 ans de service.

Véru (Jean-Baptiste), tailleur de pierres à Dury, pour M. Vast, à Amiens, 50 fr. — 71 ans d'âge, 61 ans de service.

Durier (Clémentine), veuve Rathuille, ouvrière chez M. Lafarge, fabricant de parapluies à Amiens. 50 fr. — 71 ans d'âge, 51 ans de service dans la même maison.

Desfosse (Florentine), ouvrière chez MM. J. Bernard et Ce, fabricants de papier à Prouzel, 50 fr. — 66 ans d'âge, 57 ans de service dans la même maison.

Dupont (Jean-Baptiste), ouvrier chez M. Deflers, maître charpentier à Amiens, 50 fr. — 70 ans d'âge, 54 ans de service dans la même famille.

Prudhomme (Pierre-François), tisserand du Comptoir de l'Industrie linière, à Abbeville, 50 fr. — 65 d'âge, 52 ans de service.

Roger (Louis-Jacques-François), ouvrier serrurier chez MM. Guerville père et fils, à Fressenneville, 50 fr. — 63 ans d'âge, 50 ans de service.

Bélédin (Alexandre), ouvrier chez M. Lagny, tailleur à Péronne, 50 fr. — 63 ans d'âge, 50 ans de service dans la même maison.

Vasseur (Philippe), ouvrier charpentier à Saint-Valery, 50 fr. — 69 ans d'âge, 52 ans de service.

Vallois (Louis), ouvrier charpentier à Saint-Valery, 50 francs. — 58 ans d'âge, 52 ans de service.

Femme Cottrant (Marie-Rose-Florentine), à Rouval-lès-Doullens, ouvrière chez MM. Sydenham, manufacturiers, à Rouval-les-Doullens, 50 fr. — 66 ans d'âge, 50 ans de service.

Duflot (Pierre), tricotier chez M. Tassart-Hadengue, à Rosières, 50 fr. — 68 ans d'âge, 53 ans de service.

Cozette (Alexandre), à Morchain, faiseur de bas pour M. Mercier fils, à Méharicourt, 50 fr. —67 ans d'âge, 53 ans de service dans la même fabrique.

Prime spéciale de 150 fr. accordée pour longs services à trois ouvriers de la manufacture des ***Rames****, à Abbeville, et divisée comme il suit :*

1° A la demoiselle Nicolle (Sophie-Virginie), née Cressent, rentrayeuse, 50 fr. — 68 ans d'âge, 54 ans de service ;

2° A Lecus (Jean-Georges), ouvrier tisseur, 50 fr. — 69 ans d'âge, 59 ans de service ;

3° Dorignon (Sophie), femme Broche, trameuse, 50 fr. — 65 ans d'âge, 56 ans de service.

Prime spéciale de 100 fr., accordée, pour longs services, à deux ouvriers de la manufacture des ***Moquettes****, à Abbeville, et divisée ainsi qu'il suit :*

1° A Gorenflos (Catherine), ouvrière, 50 fr. — 61 ans d'âge, 46 ans de service;

2° A Leulier (Jean-Baptiste), ouvrier modeleur, 50 fr. — 76 ans d'âge, 36 ans de service.

MÉDAILLES DÉPARTEMENTALES

Décernées au nom du Conseil général aux Sapeurs-Pompiers volontaires de la Somme.

Le Conseil général de la Somme a institué, en 1861, des médailles départementales destinées à récompenser le dévouement et les longs services des sapeurs-pompiers du Département.

La première distribution de ces médailles a embrassé une période de trois années et a eu lieu en 1864 ; la seconde va s'effectuer ; elle comprendra, comme la première, une médaille par canton, soit 41 médailles, dont 5 en or et 36 en argent.

Afin d'assurer sur tous les points du Département une juste et équitable répartition de ces récompenses, le Préfet a institué dans chaque canton une Commission composée du juge-de-paix, président, du maire du chef-lieu et des trois capitaines ou officiers les plus anciens en grade, qui ont eu pour mission de dresser une première liste de présentation sur laquelle ont été portés tous les sapeurs-pompiers du canton que recommandait quelque acte de dévouement ou la continuité de longs et honorables services. Ensuite, dans le but d'associer d'une manière intime le Conseil général de la Somme à l'attribution des récompenses émanant de cette assemblée, une Commission d'arrondissement composée de tous les membres du Conseil général appartenant à la circonscription s'est réunie au chef-lieu de chaque Sous-Préfecture, sous la présidence du Sous-Préfet ; après avoir examiné attentivement les titres de chacun des candidats présentés par les comités cantonaux, cette seconde Commission a donné une liste de propositions sur laquelle les plus méritants ont été classés en première ligne.

Comme le nombre des médailles disponibles était égal à celui des cantons du Département, l'Administration n'a eu, pour opérer ses attributions définitives, qu'à prendre sur les listes des arrondissements celui qui, pour chaque canton, était présenté le premier. Ainsi, tous les cantons du Département ont obtenu soit une médaille d'argent, soit une médaille d'or. L'attribution de ces dernières a été, comme les autres, déterminée par le classement opéré par les Commissions d'arrondissement. La répartition de ces diverses récompenses a donc été faite de la manière la plus équitable, et le tableau suivant donne un résumé des titres de chaque lauréat :

Liste des Récompenses

Décernées en 1867 aux Sapeurs-Pompiers volontaires du Département de la Somme.

I. — MÉDAILLES D'OR.

Airaines. — GALLAND (Jean-Baptiste-Alexandre), Lieutenant.—Compagnie communale.—21 ans de services. A participé à l'extinction de 22 incendies. Auteur de plusieurs actes de sauvetage. Cité deux fois au *Recueil des Actes administratifs*.

Bouillancourt-en-Séry. — RABOUILLE (Jean-Baptiste-Prosper), capitaine, 32e compagnie. — 14 ans de services comme capitaine. A constamment fait preuve de zèle et de dévouement.

Domart. — LEGENTE (Sylvain), sous-lieutenant, 44e compagnie. — 57 ans de services. S'est distingué dans de nombreux incendies, notamment à Domart en 1835, 1853, 1854, 1860, 1864 et 1865; à Franqueville en 1852; à Berneuil, Fransu, Saint-Hilaire, en 1860; à Berteaucourt et à Saint-Ouen en 1867. A plusieurs fois exposé sa vie.

Montdidier. — CLOUET (Lugle-Luglien), sergent-major, 48e compagnie. — 33 ans de services.—Zèle et dévouement éprouvés.

Doingt — GUILLEMONT (Louis), sapeur-pompier, 60e compagnie. — 21 ans de services. S'est distingué particulièrement dans 4 incendies, notamment le 17 avril 1846, où il a sauvé une femme en enfonçant une porte au moment où l'habitation allait s'écrouler dans les flammes. Dans le même incendie, un toit sur lequel il était monté s'effondra sous lui et l'entraîna dans sa chute.

II. — MÉDAILLES D'ARGENT.

Amiens. — DEVALLOIS (Jean-Baptiste), sergent, compagnie communale. — A fait preuve d'un courage exceptionnel lors de l'incendie des magasins de M. Madry-Chaussée, à Amiens.

Amiens. — LAGORÉE (Louis), caporal, compagnie communale — 19 ans de services. Très-zélé et très-courageux.

Camon. — Devauchelle (François), sapeur-pompier, 1re compagnie. — 30 ans de bons services.

Dreuil. — Thilloy (Barthélemy), sapeur-pompier, 2e compagnie. — 20 ans de services. A reçu en 1866 des félicitations de M. le ministre de l'intérieur.

Sentelie. — Trouille (Victor), capitaine, 4e compagnie *bis.* — Conduite des plus remarquables aux 6 incendies de Courcelles et de Bergicourt en 1862, et aux trois incendies d'Offoy en 1867. Dix ans de services comme capitaine.

Hamel. — Brox (Edouard), sous-lieutenant, 5e compagnie. — 36 ans de services. —Zèle et dévouement exceptionnels.

Beaucamps-le-Vieux. — Villerel (Jean-Baptiste), sapeur-pompier, compagnie communale. — 38 ans de services. — Blessé dans plusieurs incendies.

Senarpont. — Lefebvre (Théophile), lieutenant, 15e compagnie. —29 ans de services. A assisté à 21 incendies. Blessé en 1850.

Flixecourt. — Lapierre (Raphaël), pompier, 16e compagnie. — 40 ans de services. S'est distingué d'une manière exceptionnelle dans plusieurs incendies.

Gauville. — Polleux (Zéphir), caporal, 18e compagnie. — 17 ans de services. A exposé sa vie en concourant à l'extinction des incendies de Dijon en 1850 et 1853, de Gauville en 1861 et à Aumale.

Saleux. — Leclercq (Louis), sous-lieutenant, 21e compagnie bis. — A assisté à 18 incendies, cité plusieurs fois au *Recueil* pour son courage et son dévouement.

Flesselles. — Payen (Eloi), tambour, 22e compagnie. —

29 ans de services. A participé à l'extinction de 20 incendies. Ancien militaire.

Abbeville. — CAYEUX (Louis), sergent, compagnie communale. — 19 ans de services. S'est distingué dans plusieurs incendies. Très-dévoué.

Abbeville. — HOURLON (Louis), pompier, compagnie communale. — 27 ans de services. A sauvé la vie à quatre personnes.

Saint-Riquier. — FOURDRINIER (Célestin), caporal, 24e compagnie. — 52 ans de services. A sauvé la vie à deux personnes qui se trouvaient dans une cave lors d'un incendie.

Ault. — BRÉHAMET (Jacques-Antoine), sous-lieutenant, 27e compagnie. — 30 ans de services. Dévouement à toute épreuve.

Crécy. — BACQUET (Joseph-Hippolyte), caporal, 30e compagnie *bis.* — 32 ans de services. A toujours donné des preuves de zèle et de dévouement.

Gamaches. — CARPENTIER (Désiré), caporal, 50e compagnie. — A fait preuve d'un très-grand courage en s'introduisant dans une cave qui renfermait des spiritueux menacés par un incendie. 7 ans de bons services.

Longpré-les-Corps-Saints. — PATRY (Clément), caporal, 33e compagnie. — 40 ans de services. A accompli trois sauvetages.

Acheux. — HAUDRECHY (Aimable), sergent, 37e compagnie — 23 ans de services. Très-actif.

Millencourt. — PROTIN (Florimond), pompier, 38e compagnie. — 17 ans de services. S'est distingué dans plusieurs incendies et a sauvé la vie à une personne.

Régnières-Ecluse. — SUEUR (Louis), sergent, 40e compagnie. — 25 ans de services. Blessé au feu. Zèle hors ligne.

Mons-Boubert. — ANQUIER (Jean-François), pompier, 42 compagnie. — 22 ans de services. A assisté à un très-grand nombre d'incendies. A sauvé la vie à une personne.

Mailly. — GOUBET (Louis-Thomas), lieutenant, compagnie communale. — 36 ans de services, a assisté à 15 incendies. Très-actif.

Barly. — CAUMARTIN (François), sous-lieutenant, 43e compagnie. — 14 ans de services, s'est signalé dans plusieurs incendies.

Beauval. — DEVAUX (Louis), sergent, 45e compagnie. — 27 ans de services, courage et dévouement éprouvés. A reçu des brûlures graves en sauvant les jours d'une femme.

Ailly-sur-Noye. — PINGLIER (Jean-Baptiste-Filioso), tambour, 47e compagnie. — 27 ans de services, exact et dévoué.

Bertaucourt. — DEFLANDRE (Arsène), caporal, 50e compagnie. — 30 ans de bons services.

Méharicourt. — DELAPORTE (Jean-Baptiste), pompier, 52e (*bis*). — A montré beaucoup de dévouement dans plusieurs incendies, notamment à Méharicourt et à Maucourt.

Roye. — DHUIN (Alphonse), sous-lieutenant, 53e compagnie. — 32 ans de services. Très-zélé. Ancien militaire.

Albert. — CARTON (Victor), sergent, 54e compagnie.— 25 ans de bons services.

Bray. — DELAVENNE (Parfait), pompier, 55e compagnie. — 19 ans de services. Une action d'éclat. A reçu en 1852 une médaille du Gouvernement et une lettre de félicitations.

Chaulnes. — CARON (Zéphir), caporal, 57e compagnie. — 22 ans de services constamment dévoués et méritoires.

Ytres. — THÉRY (Henri), pompier, compagnie communale. — S'est distingué dans plusieurs incendies, notamment à Ytres, en 1865, où il a exposé sa vie pour circonscrire un incendie.

Ham. — GAY (Louis-Auguste), lieutenant, 58e compagnie. — 31 ans de services. Dévouement et exactitude dans le service. Pompier accompli. Affrontant le péril avec un courage remarquable.

Nesle. — MARTINET (Martin), adjudant-sous-officier, 59e compagnie. — 37 ans de services dévoués. Très-zélé et très-courageux.

Liéramont.— BAUDELOT (François), pompier, 61e compagnie. — A déployé un grand courage dans l'incendie de Guyencourt, où il a eu les yeux brûlés.

A la suite de la distribution de ces récompenses, M. le Maire d'Amiens a remis à deux ouvrières de cette Ville les prix de moralité provenant de la fondation de M. Boucher de Perthes.

M. le Maire s'est exprimé comme il suit, à cette occasion :

« MESSIEURS,

» Le Conseil général de la Somme et le magistrat éminent qui dirige avec tant de sagesse l'administration départementale, viennent de nous faire assister à l'un des spectacles les plus dignes de l'attention des hommes de cœur et d'intelligence. Récompenser les modestes travailleurs, non pas pour des actions d'éclat que les circonstances seules peuvent faire naître, mais pour l'accomplissement persévérant des devoirs obscurs de la famille et de l'atelier, et proclamer en même temps le mérite des membres les plus courageux de ces corps de sapeurs-pompiers communaux, appartenant aussi à la classe laborieuse, qui se sont donné la mission de protéger la fortune et la vie de leurs concitoyens, n'est-ce pas offrir à la Société un exemple salutaire qui, en honorant la condition de l'ouvrier, le dispose puissamment à se trouver heureux dans sa sphère et à s'y rendre utile à ses semblables ?

» La municipalité d'Amiens, pour la seconde fois, a voulu, Messieurs, profiter d'une si touchante cérémonie, pour distribuer aussi des récompenses ayant un même caractère et qui émanent, non d'un grand corps administratif, mais d'un bienfaiteur isolé de l'humanité, du vénérable M. Boucher de Crèvecœur de Perthes qui, de son vivant, a institué sur différents points de notre vieille Picardie et même dans de grandes villes des provinces voisines des prix de moralité en faveur des ouvrières les plus méritantes. Il est consolant, Messieurs, de voir ainsi des esprits élevés, comme celui du savant dont le Maire d'Amiens est en ce moment le mandataire, descendre des hauteurs de la science où ils ont su inscrire leur nom, pour se préoccuper de l'amélioration morale des masses, qui, il faut bien le dire, à mesure que leur niveau intellectuel s'élève, ont peut-être un besoin plus grand d'abnégation, de courage et de vertu...

» L'homme affranchi de l'ignorance, s'il n'est pas guidé par les lumières de la conscience, peut devenir envieux, corrompu et coupable. Apercevant facilement la faiblesse des barrières qui existent entre les différentes classes de la société moderne, il se trouve soumis à des entraînements funestes, à des excitations dangereuses ; et si la religion, cette puissante sauvegarde de tous les éléments moraux, de tous les principes d'ordre de ce monde, n'a pas imprimé dans son cœur ce précepte : « *Il faut se contenter de l'état » où Dieu nous a mis sans envier celui des autres* », il tend trop souvent à s'écarter de la ligne inflexible du devoir, pour aspirer à des positions fallacieuses où il ne peut arriver, hélas ! qu'en laissant aux ronces du chemin la plus belle partie de lui-même: l'indépendance de l'âme, la pureté du cœur.

» Pénétrés de ce danger social, de vrais amis du peuple se sont efforcés d'imprimer à sa moralité une impulsion égale à celle que reçoit de nos jours son instruction intellectuelle et professionnelle. Tel a été, Messieurs, le but du généreux philanthrope qui a institué les prix offerts aujourd'hui à de modestes ouvrières, et ce n'est pas sans une grande raison qu'il a choisi les femmes dans la grande famille laborieuse pour être l'objet de ses libéralités. La femme n'exerce-t-elle pas, en effet, au sein du foyer domestique, une puissante influence comme épouse et mère, et comme sœur ? Que ce foyer soit le siége d'une pieuse et courageuse compagne, d'une mère vigilante et bonne, d'une sœur dévouée et active, et certainement le chef de famille et les enfants eux-mêmes acquerront, par la puissance de l'exemple, une force morale qui leur fera traverser sans fléchir les dures épreuves de la vie, et qui concourra au bien général de la société, en fortifiant le lien de solidarité qui existe entre tous ses membres, quelles que soient leur situation, leur pauvreté ou leur fortune.

» Nous ne saurions donc, Messieurs, donner trop de relief et de retentissement à des institutions d'une prévoyance si profonde, d'une fraternité si touchante. C'est pourquoi j'ai cru que je devais emprunter l'éclat de cette solennité départementale, pour remettre à celles qui en ont été jugées les plus dignes, les livrets de caisse d'épargne et les médailles que notre Monthyon picard nous a donné le doux privilége de distribuer en son nom.

» L'acte de donation par lequel il a établi ces nouveaux prix de vertu, s'exprime ainsi :

» Il sera décerné par l'administration municipale d'Amiens une prime annuelle de 500 fr. à l'ouvrière de la ville ou des faubourgs qui l'aura le mieux méritée par sa bonne conduite et son travail.

» Il suffira, pour être admise à concourir, d'être ouvrière dans la ville ou les faubourgs, et d'avoir quinze ans révolus, sans distinction entre les occupations industrielles, agricoles et horticoles, ni entre l'ouvrière travaillant pour maître, soit chez lui, soit chez elle, soit chez ses parents.

» Une médaille de bronze sur laquelle seront gravés, avec les armoiries d'Amiens, le nom du donateur et celui de l'ouvrière récompensée, sera remise à cette dernière, ainsi qu'un diplôme avec la prime.

» Cette prime consistera en un livret de la Caisse d'épargne, de ladite somme de 500 fr., qui ne pourra être remboursée sans l'autorisation du maire, que six ans après son obtention, ni cédée à des tiers.

» Une Commission municipale, nommée et présidée par le Maire, et à laquelle il adjoindra deux membres de l'Académie des sciences, belles-lettres, arts, etc., du département de la Somme, ou deux membres de la Société des Antiquaires de Picardie, ou enfin un membre de chacune de ces deux compagnies désignera, chaque année, l'ouvrière qui aura mérité la prime.

» A mérites égaux, entre deux ouvrières, la prime sera partagée, et il sera, en conséquence, accordé deux livrets et deux médailles. Si aucune ouvrière ne présentait un mérite suffisant pour obtenir la prime, le concours serait renvoyé à l'année suivante et la prime serait doublée sans pouvoir jamais dépasser mille francs; l'excédant de ces mille francs viendrait augmenter le capital de la donation. »

» J'ai institué, par mon arrêté du 15 juin dernier, une commission composée de :

» MM. Mollet, président de la Chambre de commerce et membre de l'Académie d'Amiens ;

» Fleury, membre du Conseil municipal, vice-président du Conseil des prudhommes et membre de la Commission administrative de la maison Cozette ;

» Dausse, membre du Conseil municipal, ancien adjoint au maire ;

» Tavernier, membre du Conseil municipal, directeur de l'Ecole de médecine et membre de l'Académie d'Amiens ;

» Legendre, membre du Conseil municipal, de la Chambre de commerce, président de la Société industrielle d'Amiens ;

» Et l'abbé Duval, vicaire-général du diocèse d'Amiens, membre de la Société des Antiquaires de Picardie.

» Je vais avoir l'honneur de vous faire connaître le résultat des informations et de l'examen consciencieux auquel cette Commission s'est livrée avec moi, pour répondre à la pensée du donateur. »

M. l'abbé Duval, rapporteur de la Commission, s'exprime ainsi :

« La prime annuelle de 500 fr. provenant des revenus et intérêts de la donation de M. Boucher de Perthes n'a pas été distribuée depuis 1864, l'année dernière à cause de l'épidémie qui affligeait la ville, et les années précédentes parce qu'aucune demande digne d'être prise en considération n'a été présentée à l'Administration municipale.

» En vertu de l'une des dispositions que je viens de rappeler, la Commission a pensé qu'il y a lieu de décerner cette année, outre la prime de 1867, une prime de 1,000 fr. ou deux primes de 500 fr. chacune pour les années 1866 et 1865.

» Après avoir pris connaissance des demandes, des pièces produites à l'appui, des recommandations des personnes honorables qui les ont apostillées, et après avoir entendu les renseignements fournis par M. le Maire, et les observations de chacun de ses membres, elle décide :

» 1° Que la prime de 1866, comprenant celle de ladite année et celle de l'année précédente, montant ensemble à la somme de 1,000 fr., est décernée à Mlle Florentine Dufond, ouvrière matelassière, âgée de 57 ans, demeurant à Amiens, impasse Rubempré, 8 ;

» 2° Que la prime de 1867, s'élevant à la somme de 500 fr., est décernée à Mlle Marie-Sophie-Eugénie Méry, ouvrière couturière, âgée de 24 ans, demeurant à Amiens.

» Mlle Florentine Dufond, est ouvrière matelassière depuis 14 ans ; elle avait été précédemment bordeuse de souliers pendant 20 ans, et auparavant ouvrière de fabrique. On sait ce qu'une femme peut gagner dans ces obscurs et pénibles emplois. Si le travail ne lui manque pas et si ses forces ne font pas défaut au travail, elle se suffit à elle-même. Mais comment avec ce strict nécessaire soutenir de vieux parents, faire vivre des enfants abandonnés, épargner du temps pour soigner de pauvres malades ? Il n'y a qu'un surcroît de travail, un travail plus assidu, un travail prolongé, au détriment du repos de la nuit, qui puisse créer une sorte de superflu destiné à la misère. Il y a autre chose encore, c'est l'abnégation personnelle, l'oubli de soi-même, une vie de privations et de sacrifices. Mlle Florentine Dufond a eu le secret, dès sa jeunesse, de cette énergie pour le bien, de ce zèle ardent des œuvres charitables.

» A peine âgée de 15 ans, elle se dévoue pour les deux

enfants d'un frère appelé sous les drapeaux, et qui n'ont plus de mère. Pendant 25 ans elle prodigue à sa mère, restée à sa charge, les soins les plus assidus et les plus tendres, et procure à sa vieillesse, prolongée jusqu'à 89 ans, les consolations et les joies qui font oublier les infirmités de l'âge. Dieu semble lui ménager, les unes après les autres, toutes les occasions de dévouement. Sa sœur, demeurée veuve avec quatre jeunes enfants, tombe malade; aussitôt elle la recueille, elle et ses enfants, et la soigne le jour et la nuit pendant une longue maladie, jusqu'à son décès. Fille dévouée jusqu'au sacrifice d'elle-même, sœur compatissante et généreuse jusqu'à l'héroïsme, elle est digne d'être mère : elle sera la mère des orphelins; les enfants de sa sœur deviendront les siens; elle les élève, elle les instruit, elle les forme à la pratique des vertus, dont elle leur donne des exemples encore plus que des leçons. L'un de ces enfants est enlevé à sa tendresse, les trois autres lui seront plus chers encore, et le jour où elle apprendra que nos suffrages lui ont décerné une récompense, c'est sur la tête de ces êtres bien-aimés qu'elle verra descendre cette bénédiction inespérée.

» Le dévouement de Mlle Florentine Dufond pour les siens prend sa source dans un sentiment trop élevé, le sentiment de la conscience chrétienne, pour ne pas rayonner au-delà du foyer domestique.

» En 1832 on la trouve, toute jeune encore, au chevet des victimes du premier choléra. L'année dernière elle reprend, voisine de la vieillesse, ce poste périlleux.

» Elle aime les malades, et n'a pas de plus douce jouissance que de dérober le plus de temps qu'elle peut au travail, dont elle vit et fait vivre sa jeune famille, pour leur prodiguer ses soins et ses consolations.

» La Commission est heureuse que son attention ait été appelée sur cette vie si bien remplie et si modeste.

» Mlle Marie-Sophie-Eugénie Méry ne se présente pas avec les mêmes titres. Elle n'est âgée que de 24 ans à peine ; mais le généreux fondateur a voulu que les récompenses qu'il instituait ne fussent pas seulement le prix de vertus consommées dans les épreuves d'une longue carrière, mais qu'elles revêtissent quelquefois le caractère de précieux encouragements pour des commencements heureux et dignes d'éloges.

» Mlle Marie Méry a perdu sa mère dans la malheureuse épidémie qui nous a frappés l'an dernier. Son père est infirme; deux jeunes frères ont été recueillis par le patronage de Saint-Vincent de Paul ; deux jeunes sœurs ne gagnent pas encore assez pour se suffire. On comprend tout ce que la position d'un infirme exige de soins minutieux et persévérants. On comprend aussi tout ce que ce genre de soins peut avoir de plus particulièrement pénible pour une jeune fille. La tâche d'une sœur peu âgée, placée par les circonstances à la tête d'une famille de quatre enfants, plus qu'orphelins, est aussi bien délicate. Or, il n'y a qu'une voix pour louer, en Mlle Méry, son excellente conduite, sa piété, son amour du travail, son dévouement auprès de son père et les soins presque maternels dont elle entoure ses sœurs plus jeunes qu'elle. Ouvrière couturière, elle est présentée à nos suffrages par sa maîtresse elle-même, qui rend de sa conduite, de son courage, de sa modestie, de sa gravité et de son esprit de dévouement, le plus chaleureux témoignage. Le passé de Mlle Méry nous paraît donc s'élever assez au-dessus des mérites ordinaires d'une jeune fille de cet âge, pour justifier une récompense exceptionnelle. En la lui accordant, la Commission est convaincue qu'elle encourage et qu'elle affermit des vertus qui n'ont pas attendu le nombre des années, et qu'elle soulage en même temps les misères de toute une famille. »

« Que puis-je ajouter, Messieurs, à l'exposé à la fois si simple et si saisissant de M. le rapporteur? les traits touchants d'une vie de privation et de dévouement, et les actes de vertu modeste et chrétienne qu'il raconte, n'exigent point de commentaires ; les apprêts oratoires d'un discours ne leur sont point nécessaires pour frapper vivement les esprits et les cœurs. L'exemple est toujours l'enseignement le plus persuasif et le plus fécond ; il n'a pas besoin des ressources de l'éloquence pour répandre au loin la sainte contagion du vrai et du bien ! »

M. Vulfran Mollet, président de la Chambre de commerce d'Amiens, a prononcé ensuite le discours saivant :

« Messieurs,

» Aujourd'hui, comme il y a trois ans, M le Conseiller d'Etat, Préfet de la Somme, a bien voulu nous permettre de venir pendant quelques instants emprunter l'éclat de cette grande cérémonie pour proclamer, en présence de tout le

Département et de ses représentants les plus élevés, les lauréats des prix fondés par Mlle Virginie d'Hubert.

» Je viens donc, au nom de la Chambre de commerce d'Amiens, que j'ai l'honneur de présider, vous dire en quelques mots l'origine et le but de cette fondation, et les mérites des jeunes filles que la Chambre de commerce a appelées au bénéfice de ces primes.

» Par acte authentique en date du 6 février 1861, Mlle Virginie d'Hubert voulant associer une pensée de bienfaisance au souvenir de sa sœur, Mlle Céleste d'Hubert, récemment décédée, a fait donation, à la Chambre de commerce d'Amiens, d'une inscription de 100 francs de rentes 3 0/0.

» Cette rente, dit l'acte même, fera l'objet de deux prix égaux de 50 francs, qui seront décernés, chaque année, au choix de la Chambre de commerce, à deux ouvrières non mariées, âgées de 18 à 30 ans, qui se seront distinguées par leur bonne conduite et par leur piété. Puis l'acte dit encore : s'il arrivait que la Chambre crût devoir une année ne décerner qu'un seul prix, ou même n'en décerner aucun, elle pourrait, l'année suivante, augmenter à son choix le nombre et l'importance des prix.

» Trois années se sont écoulées depuis la dernière distribution de ces prix, et aujourd'hui la Chambre de commerce peut disposer d'une somme de 300 fr., produits par les arrérages de cette rente.

» Voici, Messieurs, la répartition qu'elle a cru devoir en faire, et le nom des jeunes filles entre lesquelles elle a partagé les prix fondés par la bienfaisance éclairée de Mlle Virginie d'Hubert.

» La Chambre de commerce s'est d'ailleurs entourée des

renseignements les plus précis; elle a procédé à une information très-scrupuleuse sur les mérites de ces jeunes filles, elle a fait appel à la conscience des personnes qui, par leurs rapports de chaque jour avec la classe ouvrière, étaient le mieux à même de l'éclairer, et c'est seulement, après avoir employé les moyens les plus propres à assurer le succès de cette généreuse fondation, qu'elle a décerné les prix ainsi qu'il suit :

» Louise-Virginie-Philomène Brieux, âgée de 21 ans, née à Amiens et y demeurant, grand faubourg de Noyon, 85, a perdu son père il y a quelques mois. Sa mère, âgée et souffrante, est chargée de neuf enfants, dont le dernier sait à peine marcher. Virginie Brieux est l'aînée et le soutien de toute cette famille, qui comprend des enfants de onze ans, neuf ans, cinq ans et trois ans, et si elle sollicite l'une des primes de Mlle Dhubert, c'est dans le seul but, nous disait-elle, de soulager sa vieille mère.

» Virginie Brieux est une excellente fille, d'une conduite irréprochable, d'une intelligence remarquable et d'un dévouement admirable.

» La Chambre de commerce d'Amiens n'a pas hésité à donner à cette jeune fille le premier rang et à lui accorder une prime de 100 fr.

» Catherine-Victorine Bény, âgée de 27 ans, née à Amiens et y demeurant, route d'Allonville, 58, travaille depuis l'âge de dix ans dans la même maison, et est citée par ses patrons, MM. Petit frères, comme un modèle de sagesse et de probité. Ils confieraient sans hésitation, nous disaient-ils, la caisse de chaque jour à cette jeune fille, et avec la certitude que Victorine Bény leur rendrait un compte exact de la recette de la journée.

» Ayant perdu son père il y a vingt ans, cette jeune fille s'est trouvée avec sa sœur, récompensée déjà par la Chambre, obligée de subvenir aux besoins de sa mère, âgée et souffrante, et dans un état de gêne voisin de la misère.

» Le salaire de Victorine Bény, comme celui de sa sœur, est fort minime; l'état de casquetière, quoique exigeant un travail assidu de jour et de nuit, rapporte peu ; aussi, et bien que depuis qu'elles travaillent, les sœurs Bény aient toujours religieusement donné à leur mère l'intégralité de leurs gains, celle-ci, âgée de plus de 70 ans, maladive et ne pouvant plus travailler, absorbe le produit des salaires, et la gêne est toujours dans cette maison.

» La Chambre de commerce d'Amiens a donc accordé à Victorine Bény une prime de 75 francs.

» Clotilde-Alphonsine Wattebled, âgée de 25 ans, née à Amiens, et y demeurant, rue de Noyon, 31, a eu le malheur de perdre son père étant toute jeune encore. Restée avec sa mère, malade, Alphonsine Wattebled a constamment fait plus que ses forces ne lui permettaient pour subvenir aux besoins du ménage.

» Ouvrière en chemises, et travaillant chez elle pour des marchands, son salaire est tellement minime qu'il lui faut passer une grande partie de ses nuits pour gagner à peine de quoi vivre.

» Alphonsine était la plus méritante des jeunes filles du patronage, disaient les religieuses que nous avons interrogées ; on ne peut pas mieux se conduire qu'Alphonsine, nous disait sa pauvre mère.

» La Chambre de commerce d'Amiens a accordé à Alphonsine Wattebled un prix *ex æquo* avec Victorine Bény, et elle lui a alloué également une somme de 75 francs.

» Henriette-Marie Héron, âgée de 21 ans, née à Amiens et y demeurant, rue de la Barette, 77, a toujours tenu une conduite exemplaire. Enfant, elle fut élevée à l'école dirigée par les religieuses du Louvencourt, et, aussitôt après sa première communion, entra en apprentissage chez une couturière en robes chez laquelle elle est encore aujourd'hui ; tout ce qu'elle a gagné a toujours été religieusement versé par elle à son père, simple ouvrier teinturier, et chargé de six enfants dont le plus jeune n'a que 3 ans.

» Entrée au patronage des jeunes filles de sa paroisse, Marie Héron y a remporté, pendant plusieurs années, les prix d'honneur et de sagesse. Aussi nous a-t-elle été recommandée par la sœur supérieure de la maison de charité Notre-Dame.

» Enfin, Mme Hutteau nous a dit que Marie Héron était une excellente fille, une très-bonne ouvrière, restée pure au milieu de tous les dissolvants et de toutes les tentations.

» La Chambre de commerce d'Amiens a décerné à Marie Héron un troisième prix, et elle lui accorde une somme de 50 francs.

» Marie-Zélie Dubois, âgée de 21 ans, née à Amiens et y demeurant, rue du Hocquet, 6, a été élevée à l'ouvroir de la paroisse Saint-Jacques ; ouvrière en lingerie, elle travaille en journée dans les maisons bourgeoises. Elle a constamment tenu une conduite exemplaire, et, ayant perdu son père, il y a dix ans, elle vient au secours de son frère qui n'a pas de santé.

» La Chambre de commerce d'Amiens n'avait plus de fonds libres dont elle pût disposer en faveur de Marie Dubois ; mais elle a tenu à lui donner, cette année-ci, une mention honorable, afin de lui faire prendre rang dans la prochaine distribution des prix fondés par Mlle Virginie d'Hubert. »

Voici le discours de M. le duc de Vicence :

« Mesdames,

» Messieurs,

» Et vous, dignes lauréats,

» Après tout ce que vous venez d'entendre de vrai et d'encourageant, je ne veux vous dire qu'un seul mot au nom du Conseil général :

» C'est que parmi ses œuvres, objets de sa sollicitude, aucune ne lui est plus chère que l'œuvre présente.

» Il s'associe, chers lauréats, de tout cœur à vos laborieux efforts, à vos actes généreux, à vos succès présents.

» Il aime à vous suivre ensuite dans vos campagnes, où vos dignes exemples préparent les jeunes générations à accomplir la noble destinée que Dieu a dévolue à l'homme sur la terre. »

La séance a été terminée par le discours de M. le duc de Vicence, et quelques paroles improvisées par M. le Préfet, qui a ajourné à l'année 1870 une réunion de même nature, qui ne sera ni moins nombreuse ni moins éclatante, et qui fournira à l'Administration l'occasion de donner une nouvelle preuve de sa sympathie et de sa sollicitude pour les populations laborieuses, si dignes d'intérêt.

Amiens. — Typ. Alfred CARON fils, rue de Beauvais, 42.

www.ingramcontent.com/pod-product-compliance
Ingram Content Group UK Ltd.
Pitfield, Milton Keynes, MK11 3LW, UK
UKHW020943180726
13838UKWH00003B/1085